高光谱遥感图像谱聚类关键技术研究

魏一苇　牛超　徐步云　任培楠　王艺婷　著

西安电子科技大学出版社

内 容 简 介

本书围绕"如何对大规模高光谱遥感图像数据进行快速谱聚类"这一关键问题，对基于高光谱图像的谱聚类相关理论和关键技术进行了深入研究。全书共 6 章，介绍了国内外高光谱图像谱聚类分析的研究现状，总结了高光谱图像谱聚类算法的基础概念和常见算法，提出了基于特征处理的谱聚类预处理方法以及新的单层和多层锚点图快速谱聚类算法。本研究取得的理论、算法与思路不仅能为大规模高光谱图像的快速谱聚类提供参考，也能为相关军民应用提供关键技术支持。

本书可以作为信息与通信工程、计算机科学与技术等相关专业研究生的辅助教材，也可以作为教师和科研人员的参考资料，还可以作为机器学习、图像处理、谱聚类分析理论与实践的自学者和研发人员的参考书。

图书在版编目（CIP）数据

高光谱遥感图像谱聚类关键技术研究 / 魏一苇等著. -- 西安 ：西安电子科技大学出版社，2025.7. -- ISBN 978-7-5606-7488-9

Ⅰ. TP751

中国国家版本馆 CIP 数据核字第 2025UR7430 号

策　　划	明政珠　刘百川		
责任编辑	明政珠　孟秋黎		
出版发行	西安电子科技大学出版社（西安市太白南路 2 号）		
电　　话	(029) 88202421　88201467	邮　　编	710071
网　　址	www.xduph.com	电子邮箱	xdupfxb001@163.com
经　　销	新华书店		
印刷单位	陕西天意印务有限责任公司		
版　　次	2025 年 7 月第 1 版	2025 年 7 月第 1 次印刷	
开　　本	787 毫米×960 毫米　1/16	印　　张	7.75
字　　数	112 千字		
定　　价	50.00 元		

ISBN 978-7-5606-7488-9

XDUP 7789001-1

＊ ＊ ＊ 如有印装问题可调换 ＊ ＊ ＊

PREFACE 前 言

　　高光谱遥感技术将地物的空间信息与光谱信息融合在一起，形成"空谱合一"的高光谱图像。高光谱图像谱聚类分析已经广泛应用于天文探索、资源勘探、环境监测等民生领域，以及智能情报分析、目标探测、伪装识别和军事测绘等军事领域。然而随着高光谱图像数据量的不断增加，如何实现对海量数据的快速谱聚类是当前面临的重要课题。本书围绕"如何对大规模高光谱图像数据进行快速谱聚类"这一关键问题，对基于高光谱图像的谱聚类相关理论和技术进行了较深入的研究，首先从降低数据维度和融合空谱信息的角度，提出谱聚类的预处理方法；在此基础上，构建锚点图和无核邻接矩阵来实现自适应参数调优，并分别提出基于优质单层锚点图和高效多层锚点图的快速谱聚类算法，以达到"加快谱聚类速度、提高谱聚类精度"的目标。本书共 6 章，各章内容如下：

　　第 1 章分析了高光谱图像快速谱聚类研究的背景与意义，并总结了谱聚类算法的研究现状以及实验数据来源。

　　第 2 章简要介绍了谱聚类算法的基础概念、常见的谱聚类算法、谱聚类算法的一般流程和算法优劣的评价指标。

　　第 3 章针对高光谱图像光谱维度过高、数据量过大而易导致维数灾难的问题，提出了一种基于贪婪比值和降维的聚类算法。该算法建立了面向高光谱图像的比值和降维模型，用贪婪法进行求解，以获得图像的最优光谱子空间，有助于提升聚类速度。并针对当前高光谱图像谱聚类主要利用光谱信息、对空间信息考虑不足的情况，提出了一种基于上下文分析的无核谱聚类算法。该算法通过加权融合邻域像素的空谱信息来重建像素，并构建无核邻接矩阵来实现自适应参数调优，提升了高光谱图像的谱聚类精度和效率。

　　第 4 章针对谱聚类算法处理大规模高光谱图像时间复杂度过高的问题，提出了一种基于优质单层锚点图的快速谱聚类算法：利用单层锚点图策略，极大降低了构建邻接矩阵的时间复杂度；在构建无核相似图时加入图像的空间信息约束，加强算法的抗噪能力；通过 K-means 选点法保证所选锚点具有强代表性，进一步提高谱聚类效率。

第 5 章针对单层锚点图谱聚类算法的聚类性能依赖锚点数量和质量这一问题，提出了一种基于高效多层锚点图的快速谱聚类算法。该算法首先通过超像素主成分分析法对图像降维，有效剔除冗余信息；然后构建多层锚点图，在保证数据点之间关联性的同时提高聚类精度；最后通过二叉树选点法来加快锚点选取速度。该算法进一步提高了谱聚类精度和速度。

第 6 章对本书的研究内容和取得的成果进行了总结，并对未来需要改进和拓展的研究方向做了展望。

本书所提出的理论、算法与思路不仅能为大规模高光谱图像的快速谱聚类提供参考，还能为高光谱图像情报分析、目标探测和伪装识别等军事应用提供技术支持，提升高光谱图像的应用潜能。

本书的出版得到了国家自然科学基金青年基金（61905285）和陕西省高校科协青年人才托举计划（20200704）的资助。

鉴于著者学术水平有限，书中疏漏之处在所难免，敬请读者批评指正。

著　者
2025 年 3 月

CONTENTS 目 录

第1章

绪　　论

遥感侦察技术能够最大程度地扩展人类获取地球表面地物信息的范围与能力，并且不受国界限制，自诞生之初便成为全球各军事强国竞相研究的热门课题和前沿科学领域。20世纪80年代，高光谱遥感技术发展迅猛，它将地物的空间信息与光谱信息融合在一起，形成"空谱合一"、蕴含着丰富地物信息的高光谱图像（Hyperspectral Image，HSI）。高光谱遥感技术有力地促进了人类精细感知地物的能力，成为人们观测事物、识别目标、获取信息的重要手段。高光谱遥感技术的飞速发展也促进了高光谱图像在资源勘探、环境监测、数字城市和军事侦察等领域发挥巨大的应用效能。

1.1 高光谱图像快速谱聚类研究的背景与意义

在开展高光谱遥感技术研究的同时，美国等西方发达国家大力探索其在军事领域的应用。2002 年，美国开展了用于无人机平台的大范围高光谱空中实时监视侦察试验，旨在研究高光谱实时探测和确定目标的能力；2002—2005 年，法、德、意、英等国联合开展了 CEPAJP8.10 项目，评估光谱成像技术在军事领域的潜在应用；美国国防部最新发布的《无人机系统路线图》更是将高光谱遥感技术作为重点发展的无人机载图像传感器系统的关键技术。

我国也在高光谱遥感技术方面开展了积极的研究。2016 年发射的"天宫二号"飞行器上搭载了一台多角度宽波段成像仪；2018 年发射的"高分五号"卫星上搭载了一台可见短波红外高光谱成像仪；2021 年，我国首个火星探测器"天问一号"上搭载了一台火星矿物光谱分析仪，光谱分辨率约为 4 nm；还有越来越多的商业遥感卫星开始搭载高光谱成像载荷。这些高光谱成像仪的搭载升空，有助于我国更加实时、准确地获得高分辨率的遥感图像，并将高光谱遥感技术进一步应用在民用和军事领域。

随着高光谱遥感图像获取技术的快速发展，高光谱图像数据的处理能力也急需有效提升，因为仅仅提升图像获取能力，不足以满足现代军事在实际应用中对信息处理和分析的高需求。面对多平台、高谱段、多时相的大规模遥感图像，我们缺乏快速、准确的大数据智能处理模型来进行有效的信息提取与处理；并且正确标记高光谱图像需要耗费大量的人力、物力和时间，导致有标记的高光谱数据样本较少。而无监督学习是最适合高光谱图像的分析工具，它所包含的聚类一直是机器学习、数据挖掘、模式识别等领域的重要组成内容，近年来更是得到高度重视。聚类可以在没有先验知识的情况下，发现数据的天然结构，挖掘样本内在的相似性，从而实现无监督分类。到目前为止，人们已经发表了上千种聚类算法，聚类分析也逐渐得到了高光谱图像处理领域越来越多的关注。

高光谱图像目标识别可以看作是一种基于背景和目标的二分类问题，因此聚类技术可以用于军事领域的异常目标探测、伪装识别、小目标探测等场景。

针对高光谱图像的聚类分析在军事领域已经有了较广泛的应用，包括：

（1）智能化情报分析。利用聚类算法，对侦察卫星传回的大规模、高维度的高光谱图像情报信息进行聚类、事后分析和及时处理。

（2）伪装目标识别。根据背景与伪装目标具有的不同光谱特性，高光谱遥感技术可以区分背景、目标或伪装物。高光谱聚类分析可以通过探测地面被扰动的痕迹来探测目标，还可以利用植被的"红边"效应识别绿色伪装区域。

（3）军事装备物流中心选址。军事装备物流中心的选址决定着物资的保障和配送效能，因此，找到一个平战时全局最优的地理位置具有重要意义。依据样本周围信息量的密度，高光谱聚类分析可以评估将潜在中心选址作为聚类中心的可能性，快速推断出具体位置的聚类个数和聚类中心。类似的应用还包括装备经费标准的制定等。

除了上述应用，高光谱聚类分析还可应用于军事测绘、太空战场、星球探索等方面。例如，军事测绘利用高光谱聚类分析来精确区分地物类别，有助于测定地面点坐标和地球形体等参数，为军事行动提供地形图。

高光谱聚类分析在军事领域的应用格外强调实时性、快速性和准确性，不光要求聚类的精度高，还要求聚类的速度快。因此，针对高光谱图像日益增长的数据维度和数据量，聚焦"如何对大规模高光谱数据进行快速谱聚类"这一问题，本书将重点研究如何对高光谱图像进行降维处理，融合空谱信息，提高聚类的速度和精度，以满足各类应用需求。

1.2　聚类算法的研究现状

聚类是把一个数据对象的集合划分为簇，使簇内对象彼此相似，簇间对象不相似的过程。可以通过"物以类聚，人以群分"来理解聚类的内涵。

按照聚类算法的发展阶段，可以将其分为经典算法、高级算法和多源数据算法(近年来针对多元相关数据开发的算法)。经典算法包括 K-means 算法和模糊 C 均值(Fuzzy C-means，FCM)聚类算法等；高级算法包括谱聚类算法和高维数据聚类算法；多源数据算法包括多视角谱聚类、基于非负矩阵分解(Non-negative Matrix Factorization，NMF)的多视角谱聚类、多任务聚类、自学习聚类和多模聚类等算法。

1.2.1　聚类算法的研究现状

聚类算法已经多达上千种，根据聚类原理大概可以分为基于划分、基于密度、基于子空间的聚类算法。

1. 基于划分的聚类算法

基于划分的聚类算法很多，其中应用最经典、最广泛的当属 K-means 算法。K-means 算法简单易懂，对于很多聚类问题仅花费较少的计算代价就能得到不错的聚类结果，也因此被学者们选为数据挖掘领域的三大算法之一。

K-means 算法首先设定划分的中心点，通过计算每个样本点到中心点的距离，把每个样本点分配给距离其最近的聚类中心，以此迭代直到算法收敛。它具有简单易实现、计算快速、时间复杂度低、适用范围广的优点，从而得以广泛应用。但是 K-means 算法也存在缺点：首先，在中心点的更新过程中，算法使用的是簇内所有数据点的平均值，当面对一些无法定义簇内数据点平均值的情况时，K-means 算法就无法发挥效果；其次，在算法的初始化过程中，需要人工设定聚类划分簇的个数，而且通常初始聚类中心通过随机选取产生，这就导致聚类中心的选择对聚类结果影响很大，聚类结果不稳定；再次，算法对噪声点和离群点十分敏感，少量的异常数据就会对簇内平均值的计算造成很大干扰，这种干扰很可能造成簇划分的不合理。

针对 K-means 算法的缺点，学者们对 K-means 算法进行了大量的改进。一些学者在初始点的选择上进行改进。2007 年，Arthur 等提出的 K-means＋＋算法优化了聚类中心的选择策略，选择距离当前聚类中心点较远的点作为下一次迭代的聚类中心，重复这种选取方式，直到 K 个中心点全部选取完成。这样就可以充分考虑数据样本集内所有样本的分布情况，避免某些较大的簇被错误划分或者几个小簇被错误合并的问题。2016 年，Nock 等提出一种 K-means＋＋算法的一般化版本，称为 K-variates＋＋算法。该算法适用性更强，可以拓展到更多的领域，包括分布式聚类、在线聚类以及差异聚类等。2018 年，Ismkhan 等提出的 I-K-means＋算法改进了初始聚类中心选择的准确性，在每次迭代过程中删除一个簇，再划分另一个簇，之后用 K-means 算法进行迭代，提升了聚类精度。将 K-means 算法和粗聚类算法 Canopy 结合起来的DCmeans 算法选择运行过程中密度较大的点作为聚类中心，从而优化对聚类中心的选取。

还有很多 K-means 算法的改进算法可以归为类 K-means 算法。K-中心点算法能更好地处理数据集当中的离群点，它的目标也是找到一个最小化目标函数的聚类算法，但与 K-means 算法不同的是，K-中心点算法只选取真实的数据点作为中心点（K-means 算法的中心点被设定为当前簇中所有数据点的平均值，对于每个簇来说，计算出的这个中心点很可能不是真实数据点，而是一个虚拟的点），即在初始数据集中选取与当前簇所有数据点距离之和最小的点作为这个簇的中心点。真实的数据点受离群点的影响会更小一些，因此 K-中心点算法对数据集中存在的噪声点和离群点有更强的鲁棒性。与 K-中心点算法改进思路类似，K-中值算法采用计算每个簇中值的方法取代了 K-means 算法中计算簇平均值的方法。K-means 算法在计算数据点之间的距离时采用欧氏距离作为度量方法，而 K-中值算法采用曼哈顿距离作为度量方法。相比于簇内所有点的平均值，中值受到离群点干扰的程度相对较小，因此也具有更强的抗干扰能力。

K-means 算法"非此即彼"的强分配方式，被归于硬聚类。FCM 算法则融合了模糊划分的概念，属于软聚类。FCM 算法的目标函数与 K-means 算法类似，但是多了一个项来表示类别权重，该权重也称为模糊指标。在 FCM 算法中，每个对象对应一个取值范围在 $[0,1]$ 的数值，表示该对象从属于某一类别的可能性。与 K-means 算法一样，FCM 算法对离群点也十分敏感；但 FCM 算法运算量大，不适合处理大规模数据集合，且算法中引入了一个参数 β，β 的设置对结果影响很大，这仍是学者们的研究方向之一。有一些改进的 FCM 算法在聚类时加入了图像的空间信息。

标准 K-means 算法在小规模数据集上表现良好，但是当数据的个数很多或者维度很高时，算法运行的时间过长。许多学者致力于研究提高 K-means 算法的运行速度，包括：通过获取更好的初始点来加速算法的收敛；采用计算近似结果的方法来减少算法的运行时间；采用阴阳 K-means 算法，通过构建过滤器对距离的计算进行过滤。

这些改进的 K-means 聚类算法在处理低维度、小规模图像数据时呈现出高效、稳定的特点，然而，它们容易陷入局部最优解，且对图像的噪声很敏感。当运用于高维度、大规模高光谱数据时，这些算法的效果并不理想。

2. 基于密度的聚类算法

基于划分的聚类算法在处理球形簇数据时相对容易，但是很难处理非球形簇数据。基于密度的聚类算法则假设：在给定的数据空间中，各簇是由密集数据点组成的，这些密集数据点被稀疏区域分割开来。此类算法主要根据样本点分布的紧凑程度来衡量样本点之间的相似性，可以理解为：同一簇内的数据对象密度较大，不同簇间的数据对象密度较小。相比其他聚类算法，基于密度的聚类算法能够处理任意形状的数据集，也就是说可以将不规则形状和不同大小的簇划分出来；此外，它还具有较好的抗噪性能。目前常见的基于密度的聚类算法有 DBSCAN 算法、OPTICS 算法、DPC 算法等。

基于密度的带噪声空间聚类（Density based Spatial Clustering of Applications with Noise，DBSCAN)算法先发现密度较大的点，也就是高密度点，然后把相近的高密度点逐步连成群集，通过寻找数据点密度相连的最大集合来完成聚类过程。该算法以每个数据点为圆心，以 ε 为半径画一个圆（域），然后计算有多少像素点分布在该圆域中，由此得到的数值即该圆域的密度值。这个圆域内的同类像素分布必须是有限的，可使用一个密度阈值 MinPts 作为限制。由于要对数据集中的每个点检索其圆域内的所有点，因此 DBSCAN 算法的时间复杂度为 $O(n^2)$，n 为点数。该算法的优点是能够处理任意形状和大小的簇，能抑制噪声干扰，运行结果较稳定；缺点主要是引入的两个参数难以确定，时间复杂度也较高。

OPTICS(Ordering Points to Identify the Clustering Structure)算法从 DBSCAN 算法演化而来。OPTICS 算法通过增加核心距离和可达距离两个概念，解决了 DBSCAN 算法的参数敏感问题，同时能更好地处理数据中带有非均匀密度簇的问题。

基于快速搜索密度峰值的聚类(Density Peaks Clustering，DPC)算法通过寻找被低密度区域分割开的高密度区域来实现聚类。DPC 算法的输入参数较少，迭代更简单快速，对噪声点不敏感，对给定数据集的形状也无特殊限制。

3. 基于子空间的聚类算法

基于子空间的聚类算法的核心思想是降维，即在保留有用信息的同时降低数据维度，减少运算量，从而避免"维数灾难"。基于子空间的聚类算法是实现高维数据聚类的有效手段，可以大致分为以下四类。

1）基于代数的算法

基于代数的算法对原始数据矩阵进行因式分解得到相似矩阵，然后通过设定阈值来得到聚类结果，如概念分解（Concept Factorization，CF）算法和非负矩阵分解算法是求解非负矩阵低秩近似的两种常用算法。随着图像维数的增高以及子空间个数的增加，这两种算法的时间复杂度会呈指数上升，且对图像的异常点和噪声较敏感。

2）基于迭代的算法

基于维度投票的快速智能子空间聚类（FINDIT）算法通过面向维数的距离度量和维数投票策略确定每个集群的相关维数。投影聚类（Projected Clustering）算法采用自上而下的搜索策略将空间维数据投影到若干相关维上，再基于距离的度量进行聚类，被广泛应用于高维数据的聚类分析上。然而，以上这两种基于迭代的算法对初始值过度依赖，对离群点较为敏感，且需要事先知道子空间个数，难以收敛到全局最优。

3）基于混合高斯的算法

多阶段学习（Multi-Stage Learning，MSL）、混合概率主成分分析（Mixture of Probabilistic Principal Component Analysis，MPPCA）算法把各子空间看成服从高斯分布的概率模型，将聚类问题转化为对高斯混合的估计问题。然而，随着子空间维度的上升，此类算法的时间复杂度呈指数级增长，且需要提前知道子空间的个数和维数。

4）基于谱聚类的算法

谱聚类（Spectral Clustering，SC）算法是一种基于谱图理论的聚类算法，对非线性可分数据的划分效果明显优于传统聚类算法。谱聚类算法有以下优势：能够对任意形状的数据进行最优划分；对数据的空间结构适应性较强；能够找到全局宽松解。

由于具有上述优点，谱聚类最初用于计算机视觉、语音识别、文本挖掘等领域，现在已经用于机器学习中，并迅速发展为国际上机器学习领域的研究热点。谱聚类算法也是本书重点研究的内容。

1.2.2 谱聚类算法的研究现状

谱聚类算法本质上是一种基于谱图理论的聚类算法。1973 年，Donath 和 Hoffman 提出可以根据邻接矩阵的特征向量来进行图划分。2000 年，Shi 等提出了规范切割（Normalized Cuts，Ncut）算法，先求取特征向量，再用 K-means 聚类算法找出数据的内在联系。2001 年，Ng 等提出 NJW（Ng-Jordan-Weiss）

算法，先求拉普拉斯矩阵的特征向量，再对特征向量做归一化处理，然后用 K-means 算法进行后处理，提高了聚类的稳定性。

此后，学者们从不同的角度对谱聚类算法进行改进。在大致框架不变的情况下，学者们分别从如何创建邻接矩阵、如何确定聚类数目、如何选择特征向量、如何提高谱聚类的速度等角度进行了深入研究，并取得了很多成果。

邻接矩阵可用来反映数据点之间的相似关系，因此如何构建合适的邻接矩阵是改进谱聚类算法的方向之一。经典谱聚类算法通过高斯核函数来计算两个数据点之间的相似度，但是高斯核函数当中存在一个待确定的热核参数 σ。NJW 算法通过预先指定几个 σ 值来分别执行谱聚类，最后选取聚类结果较好的 σ 作为参数，但这样增加了运算时间。有的算法取 σ 为最大欧氏距离的 5%，有的算法建议 σ 取数据点之间距离变化范围的 10%～20%，但这些经验都是根据所用数据集的特定领域知识而定的，不具备广泛的适用性。2004 年，Zelnik 等提出 Self-Tuning 谱聚类算法，尝试自动调优参数 σ。该算法利用每个数据点自身的邻域信息来为这个点 x_i 计算一个自适应参数 $\sigma = \| x_i - x_p \|$，其中 x_p 为 x_i 的第 p 个近邻点，数据点之间的相似度也因此而重新定义。2005 年，Fischer 等针对非紧凑集群提出一种动态确定参数 σ 的方法，通过求解

$$\sum_{j=1}^{n} \exp(- \| x_i - x_j \|^2 / 2\sigma^2) = \tau$$ 为每个数据点确定一个 σ_i，其中 τ 为常数。

2008 年，Chang 等结合基于路径的聚类算法和谱聚类算法，利用 M-estimation 增加权重，提出一种基于路径的谱聚类算法，该算法能够有效抗噪，鲁棒性好。2008 年，Gong 等将利用近邻点对某数据点进行线性近似表示时的权重当作两点间的相似度，从而求得邻接矩阵，降低了谱聚类对参数的敏感性。2018 年，Wen 等将 Self-Tuning 谱聚类算法应用在高维数据上进行聚类；2019 年又在此基础上进行改进，提出鲁棒的 Self-Tuning 谱聚类算法。2019 年，谢娟英等提出的完全自适应谱聚类算法，参数少且鲁棒性与可伸缩性好，可处理较大规模数据，但算法的时间复杂度较高。2021 年，葛君伟等提出一种基于共享最近邻的密度自适应邻域谱聚类（SC-DANSN）算法，用共享最近邻作为样本之间的相似性度量，构建了一种无参数的无向图，体现了全局和局部的一致性，

避免人工调优参数。

对于特征向量选择问题,经典谱聚类算法选择前 k 个特征值对应的特征向量进行求解。2007 年,Xiang 等提出应选择最有效的前 k 个特征向量进行聚类。2011 年,Toussi 等通过禁忌搜索来进行谱聚类中的特征向量选择。2013 年,王兴良等从特征值设定阈值入手,提出基于 Bagging 的特征向量选取方法,增加了特征值和特征向量的数量,在特征值选择阶段效果良好。2019 年,Alshammari 等提出基于特征向量选择和自适应 K 值的近似谱聚类算法。

谱聚类中求解非稀疏矩阵的特征向量的时间复杂度为 $O(n^2)$,随着数据量的增长,在处理海量数据时降低时间复杂度是谱聚类算法亟待解决的问题。2014 年,丁世飞等提出基于自适应 Nyström 采样的大数据谱聚类算法,该算法时间复杂度低、精度高,适合大规模数据;但是该算法参数多,且二阶段聚类算法具有随机性。2018 年,Chen 等提出通过图切割优化的谱聚类算法来处理大规模数据,该算法通过优化切割模型,将时间复杂度降至线性,但缺点是算法参数较多。2018 年,朱光辉等采用分布式并行计算框架,研究并实现了基于 Spark 的并行谱聚类算法(SCoS),同时对算法流程中的每个计算步骤进行并行处理。该算法在处理维度高、样本量大的数据时时间消耗少,聚类性能较好,且二阶段聚类采用优化算法增强稳定性;但算法自身的时间复杂度较高,相关输入参数多。2020 年,崔艺馨等采用 Spark 框架优化的大规模谱聚类并行算法进行聚类,该算法的聚类效果优于 SCoS 算法,但算法本身的时间复杂度也较高。因此,如何降低谱聚类算法的时间复杂度仍需要进行深入研究,这也是本书关注的方向之一。

谱聚类算法中还存在几个亟待解决的问题,也因此出现了各种改进算法。

1. 如何确定簇数目

谱聚类算法中,通常根据拉普拉斯矩阵的性质来确定簇数目 k。也有学者使用特征向量确定簇数目,即先定义一个损失函数,然后求解损失函数获得最优解时的 k 个特征向量(对应簇数目 k)。2006 年,Azran 等对概率转移矩阵或者拉普拉斯矩阵进行主矩阵成分分解,以这两种矩阵的特征值为相应分量的权重,通过寻找所建立的目标函数的局部最优解来确定簇数目。

由于应用场景不同，往往没有一个最优的 k 值适用于所有情况；此外，不同数据集的侧重点不同，簇数目往往也不相同。

2. 如何选择特征向量

一般情况下，谱聚类选择拉普拉斯矩阵的前 k 个特征向量聚类就足够，但是当数据存在一定噪声时，前 k 个特征向量并不是图划分的近似解，反而后面的特征向量包含更多的聚类信息。

2007 年，Jenssen 等使用特征向量相关系数的概念来选择特征向量，该系数可反映特征向量将数据集划分为两个簇的能力，利用最大信息熵的概念来衡量规范切割的近似结果。2010 年，Zhao 等提出对前 $m(k<m<n)$ 个特征向量计算信息熵，根据熵值的排序结果，选择熵值最大的前 k 个特征向量参与进一步的聚类分析。

3. 如何聚类特征向量

在经典聚类算法中，最后一步大多采用 K-means 算法来对特征向量进行聚类，除了 K-means 算法外，也有采用 FCM 算法进行聚类的，还有学者使用超平面算法处理谱向量。2004 年，Bach 等研究谱向量划分的特征子空间，并尝试使用分段的常数向量组近似该子空间，最终产生一个优于 K-means 聚类算法效果的算法。

1.2.3 高光谱聚类算法的研究现状

将聚类分析应用到高光谱图像时，必然要针对高光谱图像的特点对聚类算法进行适当改进。例如：高光谱图像的光谱维度高、数据量大，为了降低时间损耗，应在保留主要特征信息的前提下对数据进行降维；高光谱图像具有"空谱合一"的特点，应在能充分利用空间信息的前提下有效提高聚类精度；高光谱图像的地物分布具有稀疏性，如果能剔除大量非目标像素信息，也会让聚类更高效。

高光谱图像的降维方法主要包括特征选择和特征提取两大类。特征选择是从所有维度特征中选择一组特征子集，使给定的目标函数达到最优，这在高光谱图像领域被称作波段选择。很多学者在波段选择方面进行了大量的探索和研究。但是波段选择只保留部分波段，必然会导致数据的全局信息有所损失。特征提取通过线性或非线性变换，将高维特征空间映射到低维特征空间，同时最大限度地保留原有数据空间信息及结构。主成分分析（Principal Component Analysis，PCA）算法和线性判别分析（Linear Discriminant Analysis，LDA）算法是最传统的两种特征提取算法。其中，PCA 算法通过线性变换使得低维数据之间的方差尽可能大，从而实现高光谱图像数据降维。LDA 算法则引入了训练集的标签，通过线性变换使得低维数据的类内散度尽可能小、类间散度尽可能大，从而实现数据降维。还有学者提出基于迹比值（Trace Ratio）的降维算法，此算法建立在 LDA 算法的基础之上，因此也有利于选择方差较小的投影方向，但容易丢失光谱特征中的主要信息。

针对高光谱图像呈现极大的稀疏性这一特点，不少学者研究了稀疏子空间聚类（Sparse Subspace Clustering，SSC）算法。2009 年，Elhamifar 等在当年的计算机视觉与模式识别（CVPR）大会上首次提出稀疏子空间聚类算法，该算法认为子空间的每一个像素点相对完整像素字典来说都有一个稀疏表示，通过 l_1 范数正则化来找到稀疏表示，再用谱聚类算法对稀疏表示的相似矩阵进行划分，可以取得良好的划分效果。2016 年，Zhang 等提出一种光谱-空间稀疏子空间聚类算法，该算法将土地覆盖类作为一个子空间，然后在这个稀疏子空间模型中考虑高光谱图像的光谱相关性和空间信息，最终得到了更精确的系数矩阵用于构建邻接矩阵。2017 年，董安国等提出一种基于谱聚类和稀疏表示的高光谱图像分类算法，该算法先用谱聚类将像素分成两类，再利用联合稀疏表示模型确定每一类中包含的具体地物类别，两级分类过程均考虑了噪声及区域边界对分类效果的影响，使分类结果更平滑。2019 年，Huang 等提出了一种有效的高光谱图像聚类框架，将空间信息和标签信息融合到一个 SSC 模型中，以生成更精确的相似矩阵，然后对各局部区域系数矩阵进行联合稀疏性约束。该算法利用局部区域内的像素在子空间稀疏表示中选择一组共同的样本，极大地提高了相似矩阵的连通性。

有的学者致力于将高光谱图像蕴含的空间信息融入聚类过程，以获得更精确的聚类结果。2004 年，Chen 等在 FCM 算法的基础上提出 FCM_S1 算法，该算法融合了高光谱图像的空谱信息，为每个高光谱数据点分配一定的隶属度。与 FCM 算法相比，FCM_S1 算法充分考虑了图像的空间信息，对噪声和异常数据点具有更强的鲁棒性。2017 年，Zhai 等提出一种基于 l_2 范数正则化的 SSC 算法，该算法在 SSC 模型中添加了一个四邻域 l_2 范数正则化器，旨在充分利用高光谱图像的空间信息。2022 年，Shang 等提出将迭代空-谱训练样本分割法用于高光谱聚类，并在两个高光谱数据集上证明了该算法的有效性。

还有学者致力于降低高光谱图像聚类的时间复杂度，尤其是降低构建邻接矩阵的计算成本。在可扩展半监督学习、大规模谱聚类以及基于降维的大规模谱聚类的发展下，基于锚点图的算法已经被用于处理大规模数据并且取得了良好的效果，有助于谱聚类算法聚类精度的提高，同时降低计算代价。2015 年，Cai 等在 Nyström 算法的基础上提出一种基于 Landmark 的谱聚类（Landmark based Spectral Clustering，LSC）算法，该算法使用 K-means 算法选取锚点。2015 年，Nie 提出一种自适应邻近分配的聚类（CAN）算法，实现了聚类中参数的自适应调优。2018 年，He 等提出一种快速半监督锚点图学习算法，通过构造锚点图，降低算法处理大规模图像时的时间复杂度。2019 年，Wang 等提出一种应用在大规模高光谱图像上的基于非负松弛的可扩展图聚类（Scalable Graph-based Clustering with Nonnegative Relaxation，SGCNR）算法，该算法中添加了非负松弛项来降低时间复杂度。但是生成锚点图时会引入高斯核函数的热核参数，对热核参数进行调优也会带来额外的运算量。2020 年，Huang 等提出一种超可扩展的谱聚类和集成聚类（Ultra-scalable Spectral Clustering and Ensemble Clustering，U-SPEC）算法，对 k 近邻采用混合代表选点策略和快速接近方法来构建稀疏亲和子矩阵。2020 年，Yang 等为了克服由高斯核构造邻域加权图时需要调整热核参数的问题，提出了一种新的基于分层二部图的聚类算法，通过探索金字塔式结构的多层锚点，以无参数但有效的邻近分配策略来构造邻接矩阵，从而避免了对热核参数的调整。

1.3　实验数据来源

本书中实验所采用的高光谱图像数据集包括 Indian Pines 数据集、Salinas 数据集和 Pavia Centre 数据集。表 1.1 列出了这三个公开高光谱数据集的相关参数对比。

表 1.1　三个公开高光谱数据集的相关参数

数据集	像素数目	空间分辨率/m	可用波段数	谱段范围/μm	传感器	地物类型
Indian Pines（小型）	145×145	20	200	0.4~2.5	AVIRIS	农作物
Salinas（中型）	512×217	3.7	204	0.4~2.5	AVIRIS	农作物
Pavia Centre（大型）	1096×1096	1.3	102	0.43~0.86	ROSIS	城市

这三个数据集都是公开的基准数据，对地物类别的标注十分准确，在实验过程中便于重复对比和算法性能验证，被研究者们广泛认可；而且三个数据集在空间分辨率和光谱分辨率上各不相同，但根据图像包含像素数目的多少可将数据集区分为小型、中型和大型数据集，有利于验证算法处理不同规模数据集的能力。

1. Indian Pines 数据集

Indian Pines 数据集是 1992 年由美国普渡大学用 AVIRIS 光谱成像仪拍摄的印第安纳州西北部的农业区影像。光谱波长范围是 0.4~2.5 μm，空间分辨率为 20 m，有 220 个连续波段。从 220 个波段中去除了 20 个吸水带和噪声带（104~108、150~163 和 220），留下 200 个光谱特征波段参与实验。图像像素数目为 145×145，共有 21 025 个像素，包含 16 类地物类别，在实验中当作小型数据集。图 1.1 为 Indian Pines 数据集的地物真实信息图和伪彩色合成图。

(a) 地物真实信息图　　　　　　　(b) 地物伪彩色合成图

■ Undefined(10776)　　　　　　■ 9: Oats (20)
■ Alfalfa (46)　　　　　　　　■ 10: Soybean-notill (972)
■ Corn-notill (1428)　　　　　■ 11: Soybean-mintill (2455)
■ Corn-mintill (830)　　　　　■ 12:Soybean-clean (593)
■ Corn (237)　　　　　　　　■ 13: Wheat (205)
■ Grass-pasture (483)　　　　■ 14: Woods (1265)
■ Grass-trees (730)　　　　　■ 15: Buildings-Grass-Trees-Drives (386)
■ Grass-pasture-mowed (28)　■ 16: Stone-Steel-Towers (93)
■ Hay-windrowed (478)

彩图 1.1

图 1.1　Indian Pines 数据集

2. Salinas 数据集

　　Salinas 数据集是由 AVIRIS 光谱成像仪在加利福尼亚州 Salinas 山谷拍摄
收集的，空间分辨率达 3.7 m，有 224 个波段，从中去除 20 个不能被水反射的
光谱带以及噪音带（108～112，154～167，224），用于实验测试的光谱波段是
204 个。图像像素数为 512×217，共 111 104 个像素，包含 16 类地物类别。数
据大小是 Indian Pines 数据集的 5 倍，在聚类实验中被当作中型数据集。图
1.2 为 Salinas 数据集的地物真实信息图和伪彩色合成图。

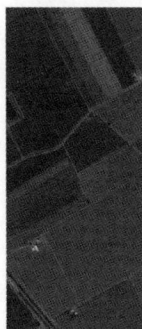

■ 0:Undefined (56975)
■ 1: Brocoli_green_weeds_1(2009)
■ 2: Brocoli_green_weeds_2(3726)
■ 3: Fallow (1976)
■ 4: Fallow_rough_plow (1394)
■ 5: Fallow_smooth (2678)
■ 6: Stubble(3959)
■ 7: Celery (3579)
■ 8: Grapes untrained (11271)
■ 9: Soil_vinyard_develop (6203)
■ 10: Corn_senesced_green_weeds(3278)
■ 11: Lettuce_romaine_4wk(1068)
■ 12: Lettuce_romaine_5wk(1927)
■ 13: Tettce_romaine_6wk (916)
■ 14: Lettuce_romaine_7wk(1070)
■ 15: Vinyard_untrained (7268)
■ 16:Vinyard_vertical_trellis(1807)

彩图 1.2

(a) 地物真实信息图　(b) 地物伪彩色合成图

图 1.2　Salinas 数据集

3. Pavia Centre 数据集

Pavia Centre 数据集是由 ROSIS 光谱成像仪采集的，空间分辨率达 1.3 m，包含 102 个可用波段。原始图像的像素大小为 1096×1096，去掉了一些背景图像，新数据集的像素大小为 1096×715，总像素数为 783 640 个，包含 9 类地物类别。Pavia Centre 数据集的大小约为 Salinas 数据集的 7 倍、Indian Pines 数据集的 37 倍，属于大型数据集，其地物真实信息图和伪彩色合成图如图 1.3 所示。

0: Undefined (635488)
1: Water (65971)
2: Trces (7598)
3: Asphalt (3090)
4: Self-Blocking Bricks (2685)
5: Bitumen (6584)
6: Tiles (9248)
7: Shadows (7287)
8: Meadows (42826)
9: Barc Soil (2863)

彩图 1.3

(a) 地物真实信息图　　(b) 地物伪彩色合成图

图 1.3　Pavia Centre 数据集

第 2 章

常用谱聚类算法

传统的聚类算法(如 K-means 算法等)大多建立在凸球形的样本空间上,当样本空间不为凸球形时,算法容易陷入局部最优。谱聚类算法对非线性可分数据的划分效果明显优于传统聚类算法,它具有诸多优势:能够划分任意形状的数据集;对数据的空间结构适应性较强;能够找到全局宽松解。基于上述优点,谱聚类算法在实际工程中应用广泛,也是本书研究的重点。大多数谱聚类算法的步骤相似,只是实现细节不同,本章重点阐述谱聚类算法的基础概念、几种常用的谱聚类算法和谱聚类算法性能的评价指标,同时总结出谱聚类算法的一般框架和改进思路。

2.1 谱聚类算法的基础概念

谱聚类算法的建立和发展是以谱图划分理论为基础的，即先通过衡量样本之间的相似度生成无向加权图，再通过图划分准则将这个无向加权图划分为若干个子图，从而将聚类问题转化为对无向加权图顶点的切分问题。谱图划分理论的最优划分准则与聚类最优准则在思想上具有一致性，这为将聚类问题转化为图划分问题提供了思路与理论支撑。

2.1.1 无向加权图

通常用点的集合 V 和边的集合 E 来描述一个图，记为 $G(V, E)$，其中，V 为数据集中所有的样本，也就是点 $v_1, v_2, \cdots, v_n$，各点之间可用边来连接。无向加权图如图 2.1 所示。

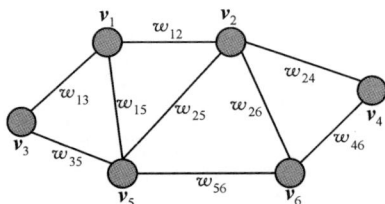

图 2.1 无向加权图

图 2.1 中的 w_{ij} 表示无向图中任意两个点 v_i 和 v_j 之间的权重之和，因此可以用一个非负的邻接矩阵 W 来表示整个无向图，其元素 $w_{ij} = w_{ji}$。如果两个点 v_i 和 v_j 有连接，则 $w_{ij} > 0$；如果 v_i 和 v_j 相互无连接，则 $w_{ij} = 0$。

对于图中的任何一点 v_i，与该点相连的所有的边的权重之和称为该点的"度"，记为 d_i：

$$d_i = \sum_{j=1}^{n} w_{ij} \tag{2.1}$$

根据度的定义，可以建立一个 $n \times n$ 的"度矩阵"$\boldsymbol{D}$，该矩阵为主对角矩阵，主对角线上的元素对应第 i 行的第 i 个点的度 d_i，定义如下：

$$\boldsymbol{D} = \begin{bmatrix} d_1 & & & \\ & d_2 & & \\ & & \ddots & \\ & & & d_n \end{bmatrix} \tag{2.2}$$

根据任意两点之间的权重，可以得到该图 $n \times n$ 的邻接矩阵 $\boldsymbol{W}$，其中第 i 行的第 j 个值对应权重 w_{ij}。

2.1.2　邻接矩阵

构建邻接矩阵 $\boldsymbol{W}$ 需要知道权重值，权重值可以通过度量样本点之间距离的相似矩阵(也叫相似度矩阵)$\boldsymbol{S}$ 获得。

在使用谱聚类之前，首先根据数据的分布构造相似图，从而得到数据点之间的相似性。一个良好的相似图能够反映数据真实的簇结构。目前有三种常用的相似图构造方法，这也是三种常用的构建邻接矩阵的方法。

1. ε-邻近法

ε-邻近法根据点之间的距离信息建立相似图，具体来说，设置一个距离阈值 ε，计算两个点之间的欧氏距离 $s_{ij} = \mathrm{dist}(\boldsymbol{v}_i, \boldsymbol{v}_j)$，如果 s_{ij} 小于 ε，则将这两个点在相似图中连接起来。

根据欧氏距离 s_{ij} 与 ε 的大小关系定义邻接矩阵 $\boldsymbol{W}$。其中 $\mathrm{dist}(\boldsymbol{v}_i, \boldsymbol{v}_j)$ 定义为

$$s_{ij} = \mathrm{dist}(\boldsymbol{v}_i, \boldsymbol{v}_j) = \sqrt{\sum_{d=1}^{n} (v_{di} - v_{dj})^2} \tag{2.3}$$

其中，v_{di} 和 v_{dj} 分别表示点(样本)$\boldsymbol{v}_i$ 和 $\boldsymbol{v}_j$ 在第 d 个维度(特征)上的坐标值。

矩阵 $\boldsymbol{W}$ 中的元素 w_{ij} 定义为

$$w_{ij} = \begin{cases} 0, & s_{ij} > \varepsilon \\ \varepsilon, & s_{ij} \leqslant \varepsilon \end{cases} \tag{2.4}$$

　　这种相似图只考虑了一种尺度 ε，因而包含较少的权重信息。而且 ε 对相似图的构造至关重要，不同的 ε 会导致构成的相似图有很大差别，因此，ε-邻近法的难点在于参数 ε 的选择。

2. K-最邻近法

　　K-最邻近法利用 KNN(K-Nearest Neighbor) 算法遍历数据集中所有的像素，设置每个像素最近的 K 个点作为邻近点。通过这种方式构建的相似图是有向图，构建的邻接矩阵是一个非对称矩阵，因此算法需要进一步构建对称矩阵，但是从整体上将非对称邻接矩阵转化为对称矩阵难度偏大，可以采取以下两种方法对 w_{ij} 进行筛选处理。

　　(1) 只要有一个点在另一点的 K-邻域内，就保留 w_{ij}。

$$w_{ij}=w_{ji}=\begin{cases}0, & \boldsymbol{x}_i \notin \mathrm{KNN}(\boldsymbol{x}_j) \text{ 且 } \boldsymbol{x}_j \notin \mathrm{KNN}(\boldsymbol{x}_i) \\ \exp\left(-\dfrac{\|\boldsymbol{x}_i-\boldsymbol{x}_j\|^2}{2\sigma^2}\right), & \boldsymbol{x}_i \in \mathrm{KNN}(\boldsymbol{x}_j) \text{ 或 } \boldsymbol{x}_j \in \mathrm{KNN}(\boldsymbol{x}_i)\end{cases}$$

$$(2.5)$$

　　(2) 两个点必须互为 K 近邻，才保留 w_{ij}。

$$w_{ij}=w_{ji}=\begin{cases}0, & \boldsymbol{x}_i \notin \mathrm{KNN}(\boldsymbol{x}_j) \text{ 或 } \boldsymbol{x}_j \notin \mathrm{KNN}(\boldsymbol{x}_i) \\ \exp\left(-\dfrac{\|\boldsymbol{x}_i-\boldsymbol{x}_j\|^2}{2\sigma^2}\right), & \boldsymbol{x}_i \in \mathrm{KNN}(\boldsymbol{x}_j) \text{ 且 } \boldsymbol{x}_j \in \mathrm{KNN}(\boldsymbol{x}_i)\end{cases}$$

$$(2.6)$$

3. 全连接法

　　在全连接图中，任意两个节点都通过一条边连接起来，这两个节点之间的相似度即为该边的权重。全连接法在定义权重时通常选择一些经过验证的核函数。常用的核函数有高斯核函数、多项式核函数和 Sigmoid 核函数。采用这类核函数计算出的相似矩阵和邻接矩阵是相同的，因此不会产生邻接矩阵非对称的情况。使用高斯核函数计算两点之间相似度的方法如下：

$$w_{ij}=s_{ij}=\exp\left(-\frac{\|\boldsymbol{x}_i-\boldsymbol{x}_j\|^2}{2\sigma^2}\right) \tag{2.7}$$

式中，参数 σ 被称作热核参数，与 ε-邻近法当中的 ε 有着相似的作用。在谱聚类中，如何确定参数 σ 的值是一个很重要的研究内容。

2.1.3　拉普拉斯矩阵

拉普拉斯矩阵 L 在谱聚类中有着相当重要的作用，谱聚类算法正是依托拉普拉斯矩阵的相关性质才得出聚类结果的。这里着重阐述两种拉普拉斯矩阵：非正则化的拉普拉斯矩阵和正则化的拉普拉斯矩阵（或归一化的拉普拉斯矩阵）。

1. 非正则化的拉普拉斯矩阵

非正则化的拉普拉斯矩阵定义为

$$L = D - W \tag{2.8}$$

其中，D 为度矩阵，W 为邻接矩阵。

在非正则化的拉普拉斯矩阵定义的基础上，非正则化谱聚类的目标函数为

$$\min_{F^{\mathrm{T}}F=I} \mathrm{tr}(F^{\mathrm{T}}LF)$$

$$\mathrm{s.\,t.}\ \ F^{\mathrm{T}}F = I \tag{2.9}$$

其中，$\mathrm{tr}(\cdot)$ 为矩阵的迹；$F = \mathbb{R}^{n \times k}$ 为样本的类别指示矩阵，其最优解为分解 L 后所得到的最小的 k 个特征值所对应的特征向量。

非正则化的拉普拉斯矩阵具有以下性质：

（1）对于任意的类别指示向量 $f = (f_1, f_2, \cdots, f_n)^{\mathrm{T}} \in \mathbb{R}^n$，满足以下条件：

$$f^{\mathrm{T}}Lf = \frac{1}{2} \sum_{i=1}^{n} \sum_{j=1}^{n} w_{ij}(f_i - f_j)^2 \tag{2.10}$$

（2）矩阵 L 是对称的半正定矩阵。

（3）矩阵 L 存在 n 个非负的实特征值，且这些特征值满足 $0 = \lambda_1 \leqslant \lambda_2 \leqslant \cdots \leqslant \lambda_n$。

（4）由性质（3）可知，矩阵 L 的最小特征值为 0，且对应的特征向量为 λ。

许多谱聚类算法最终都将图划分问题转化为获取拉普拉斯矩阵的次小特征向量问题，即用次小特征向量表示最佳图划分的一个解，也将其称为 Fiedler 向量。

2. 正则化的拉普拉斯矩阵

有两种正则化的拉普拉斯矩阵，即对称正则化的拉普拉斯矩阵 $\boldsymbol{L}_{\text{sym}}$ 和非对称正则化的拉普拉斯矩阵 $\boldsymbol{L}_{\text{rm}}$，分别定义如下：

$$\boldsymbol{L}_{\text{sym}} = \boldsymbol{D}^{-\frac{1}{2}} \boldsymbol{L} \boldsymbol{D}^{-\frac{1}{2}} = \boldsymbol{I} - \boldsymbol{D}^{-\frac{1}{2}} \boldsymbol{W} \boldsymbol{D}^{-\frac{1}{2}} \tag{2.11}$$

$$\boldsymbol{L}_{\text{rm}} = \boldsymbol{D}^{-1} \boldsymbol{L} = \boldsymbol{I} - \boldsymbol{D}^{-1} \boldsymbol{W} \tag{2.12}$$

相应地，对称正则化谱聚类的目标函数为

$$\min_{\boldsymbol{F}^{\text{T}} \boldsymbol{F} = \boldsymbol{I}} \text{tr}(\boldsymbol{F}^{\text{T}} \boldsymbol{L}_{\text{sym}} \boldsymbol{F})$$
$$\text{s. t.} \quad \boldsymbol{F}^{\text{T}} \boldsymbol{F} = \boldsymbol{I} \tag{2.13}$$

非对称正则化谱聚类的目标函数为

$$\min_{\boldsymbol{F}^{\text{T}} \boldsymbol{F} = \boldsymbol{I}} \text{tr}(\boldsymbol{F}^{\text{T}} \boldsymbol{L}_{\text{rm}} \boldsymbol{F})$$
$$\text{s. t.} \quad \boldsymbol{F}^{\text{T}} \boldsymbol{F} = \boldsymbol{I} \tag{2.14}$$

2.1.4 图划分准则

图划分，就是根据一定的规则，去掉无向加权图中的某些边，把原图切割成几个独立的子图，而这些被打断的边的权重之和被称为割（cut）值。图划分的目标就是寻找 k 个不相交的子图点的集合 A_1，A_2，$\cdots$，A_k，使子图内的相似度较大，而子图间的相似度较小。无向图中权重大的边被保留下来，使得子图中的点都具有强相关性，而具有弱相关性的点则被分到不同的子图。因此，cut 值可以视为对图进行划分的成本，划分的目的是使代价函数尽可能小。图划分示意图如图 2.2 所示。

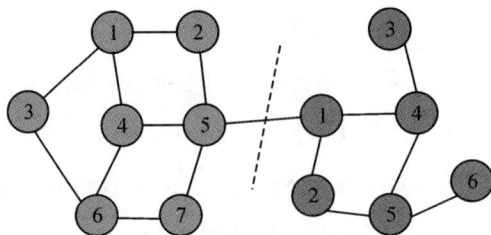

图 2.2　图划分示意图

对任意两个子图点的集合 A_1，$A_2 \in V$，$A_1 \bigcap A_2 = \varnothing$，$A_1$ 和 A_2 之间的切图权重(指图划分中的一个关键指标,用于衡量不同子集之间的连接强度)可定义为

$$W(A_1, A_2) = \sum_{V_i \in A_1, V_j \in A_2} w_{ij} \tag{2.15}$$

对于 k 个子图,其对应点的集合为 A_1，A_2，$\cdots$，A_k,定义切图的 cut 值为

$$\mathrm{cut}(A_1, A_2, \cdots, A_k) = \sum_{i=1}^{k} \mathrm{cut}(A_i, \overline{A_i}) \tag{2.16}$$

其中,$\overline{A_i}$ 为 A_i 的补集。解决图划分问题是找到式(2.16)的最小值,但是在实际应用中,通常存在一些孤立点,导致最小化切割结果不好。为了避免这一现象,可以适当限制子集中包含顶点的规模,以避免出现单独孤立簇的问题。Hagen 等研究出了一种比例切割(Ratio Cut,Rcut)准则;后来,Shi 等又提出了一种规范切割(Normalized Cut,Ncut)准则。这两种代表性算法都对子集的大小进行了潜在性约束,算法相应的 cut 值分别如下:

$$\mathrm{Rcut}(A_1, A_2, \cdots, A_k) = \sum_{i=1}^{k} \frac{\mathrm{cut}(A_i, \overline{A_i})}{|A_i|} \tag{2.17}$$

$$\mathrm{Ncut}(A_1, A_2, \cdots, A_k) = \sum_{i=1}^{k} \frac{\mathrm{cut}(A_i, \overline{A_i})}{\mathrm{assoc}(A_i, V)} \tag{2.18}$$

其中,$\mathrm{assoc}(A_i, V) = \sum_{v_j \in A_i} d_j$，$d_j = \sum_{i=1}^{n} w_{ji}$ 表示子集 A_i 与全图的紧密程度,v_j 表示划分到子集 A_i 的点(样本)。

在 Rcut 准则中,$|A_i|$ 是子集 A_i 中包含的顶点数,明显是对子集大小的潜在性限制,以避免出现子集过小的问题,同时抑制了孤立点独立成簇的发生,发挥了潜在的"平衡"作用。

谱图划分是谱聚类的理论基础,不同的图划分方法会对聚类质量产生重大的影响。常见的切割准则有最小切割准则(Mincut)、规范切割准则、比例切割准则等。下面简述一些常用的切割准则。

1. 最小切割准则

对于图 $G(V, E)$,最小切割准则首先将图 G 分为 A_1、A_2 两个子图,且满

足 $A_1 \bigcup A_2 = V$，$A_1 \bigcap A_2 = \varnothing$ 的条件，切割准则被定义为

$$\text{Mincut}(A_1, A_2) = \min \sum_{V_i \in A_1, V_j \in A_2} w_{ij} \tag{2.19}$$

该准则易于实现，但是仅考虑了集群外部的连接，没有考虑集群内部的分布关系，因此容易产生"不平衡"现象。

2. 规范切割准则

规范切割准则的目标函数如下：

$$\text{Ncut}(A_1, A_2) = \frac{\text{cut}(A_1, A_2)}{\text{assoc}(A_1, V)} + \frac{\text{cut}(A_1, A_2)}{\text{assoc}(A_2, V)} \tag{2.20}$$

式中，$\text{assoc}(A_1, V)$、$\text{assoc}(A_2, V)$ 分别表示 A_1、A_2 图中所有点的权值之和。该标准不仅能度量类别内采样点的相似度，还能度量类别之间采样点的差异。

3. 比例切割准则

1992 年，Hagen 等提出了比例切割准则，其目标函数如下：

$$\text{Rcut}(A_1, A_2) = \frac{\text{cut}(A_1, A_2)}{\min(|A_1|, |A_2|)} \tag{2.21}$$

其中，$|A_1|$、$|A_2|$ 分别表示落在 A_1、A_2 中的顶点数目。从目标函数可以看出，该准则仅考虑了类别之间样本相似度的最小化，虽然能一定程度上抑制过度分割的发生，但是效率较低。

4. 平均切割准则

平均切割（Average Cut，Avcut）准则的目标函数为

$$\text{Avcut}(A_1, A_2) = \frac{\text{cut}(A_1, A_2)}{|A_1|} + \frac{\text{cut}(A_1, A_2)}{|A_2|} \tag{2.22}$$

可以看出，Avcut 和 Ncut 函数都可表示为无向图 G 中边界损失与分割区域相关性的比值之和，因此最小化 Avcut 与 Ncut 的目标函数都能产生较准确的划分，但也都可能会分割出只包含几个顶点的小子图。

5. 最小最大切割准则

最小最大切割（Min-max Cut，Mcut）准则要求在最小化 $\text{cut}(A_1, A_2)$ 的同时，最大化 $\text{assoc}(A_1, A_1)$ 与 $\text{assoc}(A_2, A_2)$。该准则的目标函数如下：

$$\mathrm{Mcut}(A_1,A_2)=\frac{\mathrm{cut}(A_1,A_2)}{\mathrm{assoc}(A_1,A_1)}+\frac{\mathrm{cut}(A_1,A_2)}{\mathrm{assoc}(A_2,A_2)} \tag{2.23}$$

Mcut 准则可避免分割出仅包含几个顶点的小子图，它倾向于产生平衡的割集，但分割速度较慢。

6. 多路规范切割准则

前面几种切割准则都将图 G 划分为 2 个子图，Meila 提出一种可以将图 G 同时划分为 k 个子图的多路规范切割（Multiway Normalized Cut，MNcut）准则，其目标函数为

$$\mathrm{MNcut}=\frac{\mathrm{cut}(A_1,V-A_1)}{\mathrm{assoc}(A_1,V)}+\frac{\mathrm{cut}(A_2,V-A_2)}{\mathrm{assoc}(A_2,V)}+\cdots+\frac{\mathrm{cut}(A_k,V-A_k)}{\mathrm{assoc}(A_k,V)}$$

$$\tag{2.24}$$

该准则在实际应用中合理有效，但难以解决优化问题。

2.2　谱聚类算法

谱聚类算法很多，下面介绍几种具有代表性的谱聚类算法。

2.2.1　NJW 算法

NJW 算法是由 Ng、Jordan 和 Weiss 三位学者在 2001 年共同提出的，故命名为 NJW 算法。它采用正则化的拉普拉斯矩阵 $\boldsymbol{L}_{\mathrm{sym}}=\boldsymbol{D}^{-\frac{1}{2}}\boldsymbol{L}\boldsymbol{D}^{-\frac{1}{2}}$ 进行谱分解。

NJW 算法的主要步骤如下：

输入：图像矩阵 $\boldsymbol{X}=\{\boldsymbol{x}_1,\boldsymbol{x}_2,\cdots,\boldsymbol{x}_N\}\subset\mathbb{R}^{D\times N}$。

步骤 1：通过全连接高斯核函数构建邻接矩阵 $\boldsymbol{W}$。

步骤 2：构建正则化的拉普拉斯矩阵 $\boldsymbol{L}_{\mathrm{sym}}$。

步骤 3：对 $\boldsymbol{L}_{\mathrm{sym}}$ 进行特征值分解，选取前 k 个最大的特征值对应的特征向量构造矩阵 $\boldsymbol{Y}$。

步骤 4：对矩阵 $\boldsymbol{Y}$ 的行向量进行归一化处理，将其看作原数据集在新的子空间的映射。

步骤 5：用 K-means 算法将新空间的样本点聚成 c 类。

输出：图像类别 c。

2.2.2 SSC 算法

稀疏子空间聚类作为一种有效的子空间聚类技术，在遥感领域得到了广泛的应用。2009 年，Elhamifar 等提出稀疏子空间聚类算法。该算法认为子空间的每一个像素点相对所有像素合成的字典来说都有一个稀疏表示，通过 l_1 范数正则化来找到像素点的稀疏表示，再用谱聚类对稀疏表示的相似矩阵进行划分，可取得良好的划分效果。

SSC 算法的步骤如下：

输入：图像矩阵 $\boldsymbol{X}=\{\boldsymbol{x}_1, \boldsymbol{x}_2, \cdots, \boldsymbol{x}_N\} \subset \mathbb{R}^{D \times N}$。

步骤 1：用公式 $\mathrm{diag}(c)=0$，$\boldsymbol{1}^{\mathrm{T}}\boldsymbol{C}=\boldsymbol{1}^{\mathrm{T}}$ 计算 $\boldsymbol{X}$ 的稀疏矩阵 $\boldsymbol{C}$。

步骤 2：对稀疏矩阵 $\boldsymbol{C}$ 的列进行标准化：$c_i=\dfrac{c_i}{(\|c_i\|)_\infty}$。

步骤 3：用公式 $\boldsymbol{W}=\boldsymbol{C}+\boldsymbol{C}^{\mathrm{T}}$ 计算出邻接矩阵 $\boldsymbol{W}$。

步骤 4：构建拉普拉斯矩阵 $\boldsymbol{L}$。

步骤 5：进行聚类。

输出：图像类别 c。

2.2.3 SCC 算法

光谱曲率聚类（Spectral Curvature Clustering，SCC）算法通过以下几个方面对多路聚类算法进行优化：

（1）引入迭代抽样，相比随机抽样显著提高了聚类精度；

（2）提出了一种面向多路谱聚类的参数自动调优方法；

（3）改进了 K-means 算法对数据进行初始化的操作；

（4）用简便的方法来隔离平面上各区域的轮廓线。

该算法的步骤如下：

输入：图像矩阵 $\boldsymbol{X}=\{\boldsymbol{x}_1,\boldsymbol{x}_2,\cdots,\boldsymbol{x}_N\}\subset\mathbb{R}^{d\times N}$，维度 d。

步骤 1：建立相关性张量 $\boldsymbol{A}$，得到一个相关矩阵 $\boldsymbol{A}$。

步骤 2：计算邻接矩阵 $\boldsymbol{W}=\boldsymbol{A}\cdot\overline{\boldsymbol{A}}$（其中：$\overline{\boldsymbol{A}}$ 为归一化邻接矩阵或归一化拉普拉斯矩阵）。

步骤 3：找到 $\boldsymbol{W}$ 的 c 个特征向量 $\boldsymbol{u}_1,\boldsymbol{u}_2,\cdots,\boldsymbol{u}_c$；定义 $\boldsymbol{U}=[\boldsymbol{u}_1,\boldsymbol{u}_2,\cdots,\boldsymbol{u}_c]\in\mathbb{R}^{N\times c}$。

步骤 4：用 K-means 算法将 $\boldsymbol{U}$ 聚类成 c 个子集，把 $\boldsymbol{U}$ 相应地分到 c 个不相交的集群中。

输出：图像类别 c。

2.2.4　谱聚类算法的流程

谱聚类算法很多，在研究了常用的谱聚类算法之后，发现其主要框架基本保持一致，主要区别和相应的改进方向如下：

（1）对数据点之间相似度的定义不同，导致构建的邻接矩阵不同。

（2）特征分解的拉普拉斯矩阵（正则化拉普拉斯矩阵或非正则化拉普拉斯矩阵）不同。

（3）特征向量的选择条件（2-way 分割主要使用 Fiedler 向量；k-way 分割主要使用与 k 个最大或最小特征值对应的特征向量）不同。

（4）获得最后聚类的算法（K-means 算法或 FCM 算法等）不同。

现将谱聚类算法的实现流程总结如下：

输入：图像矩阵 $\boldsymbol{X}=\{\boldsymbol{x}_1,\boldsymbol{x}_2,\cdots,\boldsymbol{x}_N\}\subset\mathbb{R}^{d\times N}$。

步骤 1：构建样本的相似矩阵 $\boldsymbol{S}$。

步骤 2：用得到的 $\boldsymbol{S}$ 构建邻接矩阵 $\boldsymbol{W}$ 和度矩阵 $\boldsymbol{D}$。

步骤 3：计算并构建拉普拉斯矩阵 $\boldsymbol{L}$。

步骤 4：计算拉普拉斯矩阵的最小特征值对应的特征向量，组成类别指示矩阵 $\boldsymbol{F}$。

步骤 5：将矩阵 $\boldsymbol{F}$ 用聚类算法聚成 c 类。

输出：图像类别 c。

2.3　评价指标

评估高光谱图像的聚类效果常用的定量评价指标有用户精度（User's Accuracy，UA）、平均精度（Average Accuracy，AA）、总体精度（Overall Accuracy，OA）和 Kappa 系数（Kappa Coefficient）。UA 表示一幅图像中每种地物类别（标记数据）的聚类精度。AA 是类别准确度的平均值，即 UA 的平均准确度，展示了标记数据在统计层面上的聚类效应。OA 表示一幅图像中所有数据（标记数据和背景）的聚类精度，反映了统计层面上所有数据的聚类效果。UA、AA、OA 的值都在 0 到 1 之间，数值越高代表聚类精度越高。Kappa 系数用于测量预测标签和原始标签之间的一致性，Kappa 系数的值也在 0 到 1 之间，较大的 Kappa 系数意味着更好的一致性。

误差矩阵 $\boldsymbol{M}$ 是衡量高光谱图像聚类算法性能好坏的基本标准之一。聚类完成后，将聚类结果图与相应的真实地物标记图进行对比，由此得出误差矩阵：

$$\boldsymbol{M} = \begin{bmatrix} m_{11} & m_{12} & \cdots & m_{1c} \\ m_{21} & m_{22} & \cdots & m_{2c} \\ \vdots & \vdots & & \vdots \\ m_{c1} & m_{c2} & \cdots & m_{cc} \end{bmatrix} \tag{2.25}$$

其中，m_{ij} 表示第 j 类元素被划分到第 i 类的样本个数，c 为图像中所有地物的类别总数。当 $i=j$，即 $m_{ij}=m_{ii}$ 时，表示样本被正确分类，也就意味着矩阵中位于主对角线上的元素个数表示正确聚类的个数，因此，m_{ii} 的值越大，代表聚类效果越好；反之，则代表聚类错误或遗漏的现象较为严重。

1. 用户精度

UA 是指在聚类完成后，任意一个样本属于正确类别的概率。将式(2.25)中位于主对角线上的元素(每一类样本中被正确分到该类的像素个数)除以该行所有元素之和(所有被分到该类的像素数目)，就等于 UA，它具体反映了每一类样本的聚类精度，其计算方式如下：

$$UA_i = \frac{m_{ii}}{\sum\limits_{i=1}^{c} m_{ij}} \tag{2.26}$$

2. 平均精度

AA 指所有地物类别的平均聚类精度，对 UA 求平均值可得，其计算公式如下：

$$AA = \frac{1}{c} \sum\limits_{i=1}^{c} UA_i \tag{2.27}$$

3. 总体精度

OA 是指被精确分类的样本数占图像中所有样本数的百分比，其计算公式如下：

$$OA = \frac{\sum\limits_{i=1}^{c} m_{ii}}{\sum\limits_{i=1}^{c} \sum\limits_{j=1}^{c} m_{ij}} \tag{2.28}$$

4. Kappa 系数

Kappa 系数反映了预测得到的标签与真实标签的一致性，即聚类后的图像与真实地物标记图的相似程度。该系数应用十分广泛。其计算公式如下：

$$Kappa = \frac{N \sum\limits_{i=1}^{c} m_{ii} - \sum\limits_{i=1}^{c} \left(\sum\limits_{j=1}^{c} m_{ij} \sum\limits_{j=1}^{c} m_{ji} \right)}{N^2 - \sum\limits_{i=1}^{c} \left(\sum\limits_{j=1}^{c} m_{ij} \sum\limits_{j=1}^{c} m_{ji} \right)} \qquad (2.29)$$

其中，N 表示式(2.25)中的样本总数。

本书选取 UA、AA、OA、Kappa 系数四个指标来验证所提出的算法是否有效，指标数值越大，表明算法的聚类性能越好。

第3章

基于特征处理的谱聚类预处理方法

高光谱图像急剧膨胀的数据量加剧了图像处理的复杂性，导致算法运行消耗大，存在维数灾难等问题。针对这种情况，本章从特征处理的角度出发，研究如何在聚类之前对高光谱图像进行预处理，从而提高聚类的效率和精度。

首先，本章研究适合高光谱图像聚类的降维方法，在不损失图像主要信息的同时降低数据维度，在不降低聚类精度的前提下降低算法的计算复杂度。

其次，本章研究如何将图像的空间信息和光谱信息融合起来，利用空谱信息融合策略重建图像像素点，加强像素之间的相关性，降低图像中异常点的干扰，使图像更平滑，从而提高聚类精度。

此外，谱聚类算法在构建邻接矩阵时常用的高斯核函数自带热核参数，运行时需要人为调优，耗时耗力。本章也将探讨如何对算法进行去核化，实现参数的自适应调优。

3.1　基于贪婪比值和降维的聚类算法

在第 1 章中阐述过，高光谱图像的降维方法主要分为特征选择和特征提取两大类。特征选择通常只保留部分波段，必然会损失图像的全局信息，因此本书主要研究特征提取类的降维方法。

在特征提取类的降维方法中，主成分分析（PCA）法和线性判别分析（LDA）法最为常用。PCA 法通过线性变换使低维数据之间的方差距离尽可能大，以此来实现高光谱图像降维。LDA 法则通过线性变换使得低维数据的类内散度尽可能小、类间散度尽可能大，从而实现降维。

图 3.1 中用两种形状的点标注了二维空间中的两类数据，现在要将这组数据降维到一维空间。按照 PCA 法"朝方差最大的方向进行投影"的策略，所有数据会朝着 y 轴的方向进行投影。很明显，这样投影的后果是两种类别的数据交错在一起，难以区分。根据 LDA 法"使类内散度尽可能小、类间散度尽可能大"的策略，所有数据会朝着 x 轴的方向进行投影，那么映射之后既保证了同类数据的聚集，也保证了异类数据的分散。

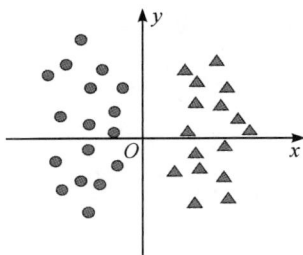

图 3.1　两种类别的数据在二维空间中的示意图

由于类间散度矩阵的秩通常小于图像地物类别 c，因此运用 LDA 法降维后的数据维度小于图像的地物类别 c。然而在高光谱图像中，光谱维度 d 远大于地物类别 c，因此将 LDA 法运用到高光谱降维时也存在不足。还有学者使用迹比值（Trace Ratio）的降维方法，此方法有利于选择方差距离较小的投影方向，但容易丢失光谱特征中的主要信息。文献[124]提出了一种比值和（Ratio Sum）特征提取方法，在高维度的图像数据集上取得了良好的降维效果，但尚未应用在高光谱图像领域。

3.1.1　贪婪比值和降维模型

下面将对"迹比值"和"比值和"降维方法进行比较研究，选择适合大规模高光谱图像的降维方法，然后结合聚类算法对图像进行聚类。

设高光谱图像矩阵为 $\boldsymbol{X} = [\boldsymbol{x}_1, \boldsymbol{x}_2, \cdots, \boldsymbol{x}_n] \in \mathbb{R}^{d \times n}$，其中，$n$ 为图像的像素总数，d 为特征（光谱）维度。数据 $\boldsymbol{Y} \in \mathbb{R}^{k \times n}$ 为数据 $\boldsymbol{X}$ 的低维表示，则

$$\boldsymbol{Y} = \boldsymbol{P}^{\mathrm{T}} \boldsymbol{X} \tag{3.1}$$

其中，$\boldsymbol{P} = [\boldsymbol{p}_1, \boldsymbol{p}_2, \cdots, \boldsymbol{p}_k] \in \mathbb{R}^{d \times k}$ 为从数据 $\boldsymbol{X}$ 转换为数据 $\boldsymbol{Y}$ 的投影矩阵。LDA 法的优化目标是在投影后使得高光谱图像中同一类像素的方差距离尽可能小、不同类像素的方差距离尽可能大。由此可得到迹比值的形式：

$$\boldsymbol{P}^* = \underset{\boldsymbol{P}}{\operatorname{argmax}} \frac{\operatorname{tr}(\boldsymbol{P}^{\mathrm{T}} \boldsymbol{A} \boldsymbol{P})}{\operatorname{tr}(\boldsymbol{P}^{\mathrm{T}} \boldsymbol{B} \boldsymbol{P})} \tag{3.2}$$

若 $\boldsymbol{A} = \boldsymbol{S}_{\mathrm{b}}$，$\boldsymbol{B} = \boldsymbol{S}_{\mathrm{w}}$，则式（3.2）为 LDA 法的目标函数，其中，$\boldsymbol{S}_{\mathrm{b}}$ 为类间散度矩阵，$\boldsymbol{S}_{\mathrm{w}}$ 为类内散度矩阵。文献[124]的研究表明，迹比值的目标函数在获得最优解的过程中，易于选择导致像素方差距离比较小的投影方向。这一现象，违背了高光谱图像在降维后仍能保留尽可能大的像素总方差距离（意味着尽可能多地保留图像的地物特征）的原则。

我们在聚类前对高光谱图像进行降维的目标为：使高光谱图像中同一类像素的方差距离尽可能小，不同类像素的方差距离尽可能大；与此同时，尽可能多地保留高光谱图像像素的总方差。因此，下面提出一个针对高光谱图像的比值和降维模型。该模型在选择第 k 个投影方向时，前 $k-1$ 个投影方向已经是该模型最优的投影方向。具体表达形式如下：

$$\boldsymbol{P}^* = \underset{\boldsymbol{P}}{\arg\max} \sum_{i=1}^{k} \frac{\boldsymbol{p}_i^{\mathrm{T}} \boldsymbol{A} \boldsymbol{p}_i}{\boldsymbol{p}_i^{\mathrm{T}} \boldsymbol{B} \boldsymbol{p}_i} \tag{3.3}$$

等价于

$$\boldsymbol{P}^* = \underset{\boldsymbol{P}}{\arg\max} \left(\frac{\boldsymbol{p}_1^{\mathrm{T}} \boldsymbol{A} \boldsymbol{p}_1}{\boldsymbol{p}_1^{\mathrm{T}} \boldsymbol{B} \boldsymbol{p}_1} + \frac{\boldsymbol{p}_2^{\mathrm{T}} \boldsymbol{A} \boldsymbol{p}_2}{\boldsymbol{p}_2^{\mathrm{T}} \boldsymbol{B} \boldsymbol{p}_2} + \cdots + \frac{\boldsymbol{p}_k^{\mathrm{T}} \boldsymbol{A} \boldsymbol{p}_k}{\boldsymbol{p}_k^{\mathrm{T}} \boldsymbol{B} \boldsymbol{p}_k} \right) \tag{3.4}$$

比值和算法能够确保在每一个投影方向找到最优解，从而得到全局最优，弥补了迹比值算法的不足。

为了从数学角度清晰地证明比值和算法的降维策略优于迹比值算法的降维策略，假定 $\alpha_1 > 0$、$\alpha_2 > 0$、$\alpha_3 > 0$ 且 $\alpha_3 \to 0$，$\beta_1 > 0$、$\beta_2 > 0$、$\beta_3 > 0$ 且 $\beta_3 \to 0$，$\alpha_1/\beta_1 > \alpha_2/\beta_2$。令 $\alpha_1 = \beta_1 \varGamma$，则有

$$\frac{\alpha_2}{\beta_2} < \varGamma \Rightarrow \alpha_2 < \beta_2 \varGamma \tag{3.5}$$

$$\alpha_1 + \alpha_2 < (\beta_1 + \beta_2) \varGamma \tag{3.6}$$

$$\frac{\alpha_1 + \alpha_2}{\beta_1 + \beta_2} < \frac{\beta_1 + \beta_2}{\beta_1 + \beta_2} \varGamma \tag{3.7}$$

$$\frac{\alpha_1 + \alpha_2}{\beta_1 + \beta_2} < \left(\varGamma = \frac{\alpha_1}{\beta_1} \right) \tag{3.8}$$

因为 $\alpha_3 \to 0$，$\beta_3 \to 0$，则有

$$\frac{\alpha_1 + \alpha_2}{\beta_1 + \beta_2} < \frac{\alpha_1 + \alpha_3}{\beta_1 + \beta_3} \tag{3.9}$$

式(3.9)中的 α_i 和 β_i，$i = 1, 2, \cdots$ 可表示为

$$\begin{cases} \alpha_i = \boldsymbol{p}_i^{\mathrm{T}} \boldsymbol{A} \boldsymbol{p}_i \\ \beta_i = \boldsymbol{p}_i^{\mathrm{T}} \boldsymbol{B} \boldsymbol{p}_i \end{cases} \tag{3.10}$$

则式(3.9)可表示为

$$\frac{\boldsymbol{p}_1^{\mathrm{T}} \boldsymbol{A} \boldsymbol{p}_1 + \boldsymbol{p}_2^{\mathrm{T}} \boldsymbol{A} \boldsymbol{p}_2}{\boldsymbol{p}_1^{\mathrm{T}} \boldsymbol{B} \boldsymbol{p}_1 + \boldsymbol{p}_2^{\mathrm{T}} \boldsymbol{B} \boldsymbol{p}_2} < \frac{\boldsymbol{p}_1^{\mathrm{T}} \boldsymbol{A} \boldsymbol{p}_1 + \boldsymbol{p}_3^{\mathrm{T}} \boldsymbol{A} \boldsymbol{p}_3}{\boldsymbol{p}_1^{\mathrm{T}} \boldsymbol{B} \boldsymbol{p}_1 + \boldsymbol{p}_3^{\mathrm{T}} \boldsymbol{B} \boldsymbol{p}_3} \tag{3.11}$$

表 3.1 是一个从三维数据到二维数据的例子，展示了"迹比值"算法和"比值和"算法在降维时不同的投影方向选择策略。从表 3.1 可以看出，投影方向 $\boldsymbol{p}_1$ 和 $\boldsymbol{p}_2$ 拥有更大的像素总方差距离，但迹比值算法在优化过程中易于选择投

影方向 $\boldsymbol{p}_1$ 和 $\boldsymbol{p}_3$，因为投影方向 $\boldsymbol{p}_3$ 拥有较小的像素总方差，而比值和算法避免了这一缺陷。

表 3.1　"迹比值"和"比值和"算法的投影方向选择策略

投影方向	$\boldsymbol{p}_1$ 方向	$\boldsymbol{p}_2$ 方向	$\boldsymbol{p}_3$ 方向
$\boldsymbol{p}_i^{\mathrm{T}}\boldsymbol{S}_{\mathrm{b}}\boldsymbol{p}_i$	6	3	0
$\boldsymbol{p}_i^{\mathrm{T}}\boldsymbol{S}_{\mathrm{w}}\boldsymbol{p}_i$	1	1	0.1
$\boldsymbol{p}_i^{\mathrm{T}}\boldsymbol{S}_{\mathrm{b}}\boldsymbol{p}_i+\boldsymbol{p}_i^{\mathrm{T}}\boldsymbol{S}_{\mathrm{w}}\boldsymbol{p}_i$	7	4	0.1
迹比值算法	$\left(\dfrac{6+3}{1+1}=4.5\right)<\left(\dfrac{6+0}{1.1}\approx5.4\right)$		
比值和算法	$\left[\left(\dfrac{6}{1}+\dfrac{3}{1}\right)=9\right]>\left[\left(\dfrac{6}{1}+\dfrac{0}{0.1}\right)=6\right]$		

贪婪法，又叫贪心法，它通过考虑局部最优解来获得相对的全局最优解。具体求解步骤如下：首先建立数学模型，定义最优解的模型；然后将整体问题分解为一系列子问题，同时定义子问题的最优解结构；最后根据贪婪原则确定每个子问题的局部最优解，并根据最优解的模型，用子问题的局部最优解堆叠出全局最优解。本书将贪婪法运用到比值和算法的降维过程中。

首先，将正交约束 $\boldsymbol{PP}^{\mathrm{T}}=\boldsymbol{I}$ 引入比值和算法中。降维后两个高光谱像素点之间的欧氏距离可以表示为

$$\mathrm{dist}(\boldsymbol{y}_i,\boldsymbol{y}_j)=\|\boldsymbol{y}_i-\boldsymbol{y}_j\|=\|\boldsymbol{P}^{\mathrm{T}}\boldsymbol{x}_i-\boldsymbol{P}^{\mathrm{T}}\boldsymbol{x}_j\|=\|\boldsymbol{P}^{\mathrm{T}}(\boldsymbol{x}_i-\boldsymbol{x}_j)\|$$

$$=\sqrt{(\boldsymbol{x}_i-\boldsymbol{x}_j)^{\mathrm{T}}\boldsymbol{PP}^{\mathrm{T}}(\boldsymbol{x}_i-\boldsymbol{x}_j)} \tag{3.12}$$

其中，$\boldsymbol{P}$ 为正交矩阵。可以看出，降维后像素点之间的欧氏距离与原始像素点之间的欧氏距离是相等的。因此，通过比值和算法降维，能很好地保留原始高光谱图像的空间结构，具有更强的泛化性能。比值和算法降维模型的目标函数为

$$\begin{cases}\boldsymbol{P}^*=\underset{\boldsymbol{P}}{\mathrm{argmax}}\displaystyle\sum_{i=1}^{k}\dfrac{\boldsymbol{p}_i^{\mathrm{T}}\boldsymbol{S}_{\mathrm{b}}\boldsymbol{p}_i}{\boldsymbol{p}_i^{\mathrm{T}}\boldsymbol{S}_{\mathrm{w}}\boldsymbol{p}_i}\\[2mm]\mathrm{s.t.}\ \boldsymbol{p}_k^{\mathrm{T}}\boldsymbol{p}_1=\boldsymbol{p}_k^{\mathrm{T}}\boldsymbol{p}_2=\cdots=\boldsymbol{p}_k^{\mathrm{T}}\boldsymbol{p}_{k-1}=0,\ \boldsymbol{p}_i^{\mathrm{T}}\boldsymbol{S}_{\mathrm{w}}\boldsymbol{p}_i=1\end{cases} \tag{3.13}$$

求解目标函数就是求解一个凸优化问题，因此，引入拉格朗日乘数法对目

标函数进行求解：

$$L(\boldsymbol{p}, \lambda, \boldsymbol{\gamma}) = \boldsymbol{p}_k^{\mathrm{T}} \boldsymbol{S}_{\mathrm{b}} \boldsymbol{p}_k - \lambda (\boldsymbol{p}_k^{\mathrm{T}} \boldsymbol{S}_{\mathrm{w}} \boldsymbol{p}_k - 1) - \boldsymbol{\gamma} \{ [\boldsymbol{P}^{(k-1)}]^{\mathrm{T}} \boldsymbol{p}_k \} \tag{3.14}$$

其中，$\boldsymbol{\gamma} = [\gamma_1, \gamma_2, \cdots, \gamma_{k-1}]$，$\lambda$ 为拉格朗日乘子，$\boldsymbol{P}^{(k-1)} = [\boldsymbol{p}_1, \boldsymbol{p}_2, \cdots, \boldsymbol{p}_{k-1}]$。

对式(3.14)求变量 $\boldsymbol{p}$ 的偏导数并令其为 0，即

$$\frac{\partial L(\boldsymbol{p}, \lambda, \boldsymbol{\gamma})}{\partial \boldsymbol{p}} = 0 \Rightarrow 2 \boldsymbol{S}_{\mathrm{b}} \boldsymbol{p}_k - 2\lambda \boldsymbol{S}_{\mathrm{w}} \boldsymbol{p}_k - \boldsymbol{\gamma} [\boldsymbol{P}^{(k-1)}]^{\mathrm{T}} = 0 \tag{3.15}$$

为了简化计算，令 $\boldsymbol{\mu} = \boldsymbol{\gamma}/2$，将式(3.15)两边同时左乘 $[\boldsymbol{P}^{(k-1)}]^{\mathrm{T}} \boldsymbol{S}_{\mathrm{w}}^{-1}$，化简可得

$$\boldsymbol{\mu} = \{ [\boldsymbol{P}^{(k-1)}]^{\mathrm{T}} \boldsymbol{S}_{\mathrm{w}}^{-1} \boldsymbol{P}^{(k-1)} \}^{-1} [\boldsymbol{P}^{(k-1)}]^{\mathrm{T}} \boldsymbol{S}_{\mathrm{w}}^{-1} \boldsymbol{S}_{\mathrm{b}} \boldsymbol{p}_k \tag{3.16}$$

将式(3.16)重新代入式(3.15)并化简可得

$$(\boldsymbol{I} - [\boldsymbol{P}^{(k-1)}]^{\mathrm{T}} \{ [\boldsymbol{P}^{(k-1)}]^{\mathrm{T}} \boldsymbol{S}_{\mathrm{w}}^{-1} \boldsymbol{P}^{(k-1)} \}^{-1} [\boldsymbol{P}^{(k-1)}]^{\mathrm{T}} \boldsymbol{S}_{\mathrm{w}}^{-1}) \boldsymbol{S}_{\mathrm{b}} \boldsymbol{p}_k = \lambda \boldsymbol{S}_{\mathrm{w}} \boldsymbol{p}_k \tag{3.17}$$

将式(3.17)两边同时左乘 $\boldsymbol{S}_{\mathrm{w}}^{-1}$ 并化简可得

$$(\boldsymbol{I} - \boldsymbol{S}_{\mathrm{w}}^{-1} [\boldsymbol{P}^{(k-1)}]^{\mathrm{T}} \{ [\boldsymbol{P}^{(k-1)}]^{\mathrm{T}} \boldsymbol{S}_{\mathrm{w}}^{-1} \boldsymbol{P}^{(k-1)} \}^{-1} [\boldsymbol{P}^{(k-1)}]^{\mathrm{T}}) \boldsymbol{S}_{\mathrm{w}}^{-1} \boldsymbol{S}_{\mathrm{b}} \boldsymbol{p}_k = \lambda \boldsymbol{p}_k \tag{3.18}$$

将式(3.18)两边同时左乘 $\boldsymbol{p}_k^{\mathrm{T}} \boldsymbol{S}_{\mathrm{w}}$ 并化简可得

$$\boldsymbol{p}_k^{\mathrm{T}} \boldsymbol{S}_{\mathrm{w}} (\boldsymbol{I} - \boldsymbol{S}_{\mathrm{w}}^{-1} [\boldsymbol{P}^{(k-1)}]^{\mathrm{T}} \{ [\boldsymbol{P}^{(k-1)}]^{\mathrm{T}} \boldsymbol{S}_{\mathrm{w}}^{-1} \boldsymbol{P}^{(k-1)} \}^{-1} [\boldsymbol{P}^{(k-1)}]^{\mathrm{T}}) \boldsymbol{S}_{\mathrm{w}}^{-1} \boldsymbol{S}_{\mathrm{b}} \boldsymbol{p}_k = \lambda \boldsymbol{p}_k^{\mathrm{T}} \boldsymbol{S}_{\mathrm{w}} \boldsymbol{p}_k \tag{3.19}$$

$$\boldsymbol{p}_k^{\mathrm{T}} \boldsymbol{S}_{\mathrm{b}} \boldsymbol{p}_k - \boldsymbol{p}_k^{\mathrm{T}} [\boldsymbol{P}^{(k-1)}]^{\mathrm{T}} \{ [\boldsymbol{P}^{(k-1)}]^{\mathrm{T}} \boldsymbol{S}_{\mathrm{w}}^{-1} \boldsymbol{P}^{(k-1)} \}^{-1} [\boldsymbol{P}^{(k-1)}]^{\mathrm{T}} \boldsymbol{S}_{\mathrm{w}}^{-1} \boldsymbol{S}_{\mathrm{b}} \boldsymbol{p}_k = \lambda \boldsymbol{p}_k^{\mathrm{T}} \boldsymbol{S}_{\mathrm{w}} \boldsymbol{p}_k \tag{3.20}$$

因为投影方向之间满足两两正交，所以 $\boldsymbol{p}_k^{\mathrm{T}} [\boldsymbol{P}^{(k-1)}]^{\mathrm{T}} = 0$，因此式(3.20)可化简为

$$\lambda = \frac{\boldsymbol{p}_k^{\mathrm{T}} \boldsymbol{S}_{\mathrm{b}} \boldsymbol{p}_k}{\boldsymbol{p}_k^{\mathrm{T}} \boldsymbol{S}_{\mathrm{w}} \boldsymbol{p}_k} \tag{3.21}$$

至此，将问题转化为寻找最小的拉格朗日乘子 λ。由式(3.18)可得，投影方向 $\boldsymbol{p}_k(k \geqslant 2)$ 为式(3.13)的最大特征值对应的特征向量：

$$\boldsymbol{p}_k = \{ \boldsymbol{I} - \boldsymbol{S}_{\mathrm{w}}^{-1} \boldsymbol{P}^{(k-1)} [\boldsymbol{Q}^{(k-1)}]^{-1} [\boldsymbol{P}^{(k-1)}]^{\mathrm{T}} \} \boldsymbol{S}_{\mathrm{w}}^{-1} \boldsymbol{S}_{\mathrm{b}} \tag{3.22}$$

其中，I 为单位矩阵，$Q^{(k-1)} = [P^{(k-1)}]^T S_w^{-1} P^{(k-1)}$。

由此可得出投影矩阵 $P = [p_1, p_2, \cdots, p_k] \in \mathbb{R}^{d \times k}$。

3.1.2　基于贪婪比值和降维的聚类算法描述

基于贪婪比值和降维的聚类算法首先通过贪婪比值和降维模型学习高光谱图像的低维光谱子空间；然后将高光谱图像的像素点投影到该低维光谱子空间；最后采用 K-means 算法对降维后的高光谱图像像素点进行聚类。本书将这种聚类算法称为基于贪婪比值和降维的聚类（Greedy Ratio Sum based Clustering，GRSC）算法。GRSC 算法的具体步骤如下：

输入：原始数据矩阵 X，降维后的矩阵为 Y，类别数 c，目标维度 k。

步骤 1：获得类内分散矩阵 S_w 和类间分散矩阵 S_b。

步骤 2：对 $S_w^{-1} S_b$ 进行特征分解，得到投影向量 p_1，设置 $\alpha = 2$。

步骤 3：根据式（3.22）和 $\alpha = \alpha + 1$ 得到矩阵投影向量 p_α。

步骤 4：重复步骤 3 直至 $\alpha = k$，得到投影矩阵 $P = [p_1, p_2, \cdots, p_k]$。

步骤 5：对降维后的数据 $Y = P^T X$ 执行 K-means 聚类。

输出：聚类结果。

GRSC 算法的时间复杂度分为以下几个部分：

（1）对 $S_w^{-1} S_b$ 进行特征值分解得到 p_1 的时间复杂度为 $O(2d^3)$，其中 d 为图像的原始光谱维度。

（2）对式（3.22）进行特征值分解从而得到 $p_2, p_3, \cdots, p_k$ 的时间复杂度为

$$O\left\{ \sum_{i=2}^{k} \left[3d^3 + 2d^2(i-1) + 2d(i-1)^2 + (i-1)^3 \right] \right\}$$

（3）K-means 算法的时间复杂度为 $O(nkct)$，其中 t 为迭代次数。

综上，GRSC 算法的时间复杂度为

$$O\left\{ 2d^3 + \sum_{i=2}^{k} \left[3d^3 + 2d^2(i-1) + 2d(i-1)^2 + (i-1)^3 \right] + nkct \right\}$$

值得注意的是，谱聚类算法的时间复杂度为 $O(n^2 d + n^2 c)$，是图像的原始样本数的平方阶，而高光谱图像的样本数 n 非常大，导致在大规模高光谱图像中谱

聚类的时间复杂度过高。而用贪婪比值和算法处理后的光谱维度远小于样本数 $n(d \ll n)$，所以 GRSC 算法的时间复杂度远低于谱聚类算法的时间复杂度。

3.1.3　实验结果与分析

为了验证 GRSC 算法的降维和聚类性能，本节参与实验对比的是：三种常用的降维方法（PCA、LDA 和 Trace Ratio）结合 K-means 聚类形成的算法，分别记为 PCA K-means、LDA K-means 和 Trace Ratio K-means；Baseline 是指不采用降维预处理，对高光谱图像直接进行 K-means 聚类的算法。

1. 在小型数据集 Indian Pines 上的实验结果与分析（实验一）

首先，用上述不同算法在数据集 Indian Pines 上进行聚类实验，聚类的定量评价结果如表 3.2 所示，聚类映射图如图 3.2 所示。

表 3.2　不同算法在 Indian Pines 数据集上聚类的定量评价

	算　法	Baseline	PCA K-means	LDA K-means	Trace Ratio K-means	GRSC
	Alfalfa	0	0	0	0	**0.0435**
	Corn-notill	**0.2850**	**0.2850**	0.2710	0.2535	0.2416
	Corn-mintill	**0.4434**	**0.4434**	0.1506	0.4277	0.3145
	Corn	0.1603	0.1603	0.3038	0.1603	0.5232
	Grass-pasture	0.4969	0.4969	0.4679	**0.4969**	0.3602
	Grass-trees	**0.4137**	**0.4137**	0.2041	0.4055	0.2945
UA	Grass-pasture-mowed	0.6071	0.6071	0	**0.8214**	0.5714
	Hay-windrowed	0.7594	0.7594	0.7301	0.7448	**0.9707**
	Oats	0.4500	0.4500	**0.6500**	0.4500	0
	Soybean-notill	0.1862	0.1862	**0.6307**	0.1749	0.4815
	Soybean-mintill	0.3837	0.3837	0.5747	0.3662	**0.5878**
	Soybean-clean	0.1669	0.1669	0.0034	**0.1669**	0
	Wheat	**0.9902**	**0.9902**	0.9122	0.9805	0.9073

续表

算 法		Baseline	PCA K-means	LDA K-means	Trace Ratio K-means	GRSC
UA	Woods	0.4040	0.4040	0.2917	**0.4119**	0.3636
	Bildings-Grass-Trees-Drives	0.1736	0.1736	0.1295	0.1762	**0.2047**
	Stone-Steel-Towers	0	0	0	0.7419	**0.9570**
AA		0.3700	0.3700	0.3325	0.4237	**0.4263**
OA		0.3656	0.3656	0.3857	0.3616	**0.4221**
Kappa 系数		0.2943	0.2943	0.3017	0.2978	**0.3462**
时间/s		**3.1118**	4.5123	5.7306	3.4038	3.4623

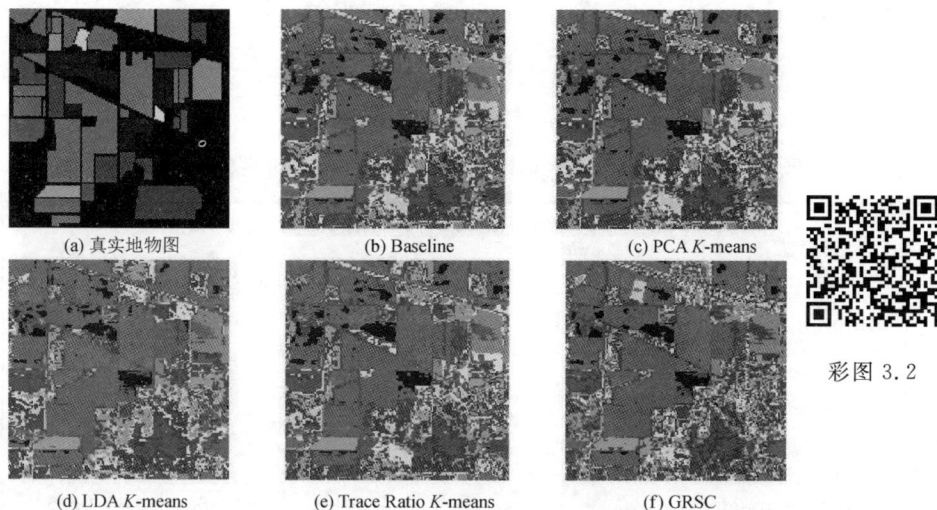

(a) 真实地物图　(b) Baseline　(c) PCA K-means

(d) LDA K-means　(e) Trace Ratio K-means　(f) GRSC

彩图 3.2

图 3.2　不同算法在 Indian Pines 数据集上的聚类图

从图 3.2 可以直观地看到，在聚类图中，GRSC 算法获得了更平滑的聚类映射，对地物的切分也相对更细致。

从表 3.2 的定量评价中可以看出，GRSC 算法的 AA 为 0.4263，比其他对比算法高 0.26%~9.38%；OA 和 Kappa 系数分别为 0.4221 和 0.3462，比其他对比算法分别高 3.6%~6.1%和 4.5%~5.2%。

GRSC 算法的聚类时间成本为 3.423 s，聚类速度较快。由于 Indian Pines 数据集的样本数量较少，GRSC 算法与其他对比算法在该实验中的时间上没有明显差别，还需要继续在两个较大规模的数据集上进行实验，以验证 GRSC 算法的聚类效率。

2. 在中型数据集 Salinas 上的实验结果与分析（实验二）

不同算法在中型数据集 Salinas 上进行聚类实验的定量评价结果如表 3.3 所示，聚类映射图如图 3.3 所示。

为了方便表示，在相应表格中将 Salinas 图像中的 Brocoli_green_weeds_1 和 Brocoli_green_weeds_2 简写为 Brocoli_weeds_1 和 Brocoli_weeds_2；将 Fallow_rough_plow 简写为 Fallow_rough；将 Soil_vinyard_develop 简写为 Soil；将 Corn_senesced_green_weeds 简写为 Corn；将 Lettuce_romain_4wk 简写为 Lettuce_4wk；将 Lettuce_romain_5wk 简写为 Lettuce_5wk；将 Lettuce_romain_6wk 简写为 Lettuce_6wk；将 Lettuce_romain_7wk 简写为 Lettuce_7wk；将 Vinyard_vertical_trellis 简写为 Vinyard_trellis。

表 3.3　不同算法在 Salinas 数据集上聚类的定量评价

	算　法	Baseline	PCA K-means	LDA K-means	Trace Ratio K-means	GRSC
UA	Brocoli_weeds_1	**0.7133**	**0.7133**	0	0	0
	Brocoli_weeds_2	0.9235	0.9235	0.7711	0.9235	**0.9313**
	Fallow	0	0	0.1285	**0.7697**	0
	Fallow_rough	0	0	0.6141	0.9684	**0.9935**
	Fallow_smooth	**0.9772**	**0.9772**	0.9347	0.9619	0.9541
	Stubble	0.9060	0.9060	0.9151	**0.9318**	0.7969
	Celery	**0.9975**	**0.9975**	0.9894	0.9053	0.9665
	Grapes_untrained	**0.6097**	**0.6097**	0.5481	0.4298	0.6805

续表

算　法		Baseline	PCA K-means	LDA K-means	Trace Ratio K-means	GRSC
UA	Soil	**0.9905**	**0.9905**	0.4561	0.9916	0.9112
	Corn	**0.5668**	**0.5668**	0.5479	0.0012	0.0043
	Lettuce_4wk	0	0	0	0.0487	**0.7416**
	Leltuce_5wk	0.9585	0.9585	0.6860	0.4686	**0.9746**
	Lettuce_6wk	0	0	0	0.9694	**0.9869**
	Lettuce_7wk	0.9196	0.9196	**0.9224**	0.8748	0.8888
	Vinyard_ untrained	0.4696	0.4696	0.4192	**0.6322**	0.4956
	Vinyard_ trellis	**0.9076**	**0.9076**	0.6563	0.4211	0.4698
AA		0.6212	0.6212	0.5368	0.6436	**0.6747**
OA		0.6713	0.6713	0.5726	0.6457	**0.6911**
Kappa 系数		0.6335	0.6335	0.5265	0.6079	**0.6557**
时间/s		13.2755	8.3452	**4.4158**	18.1859	4.9573

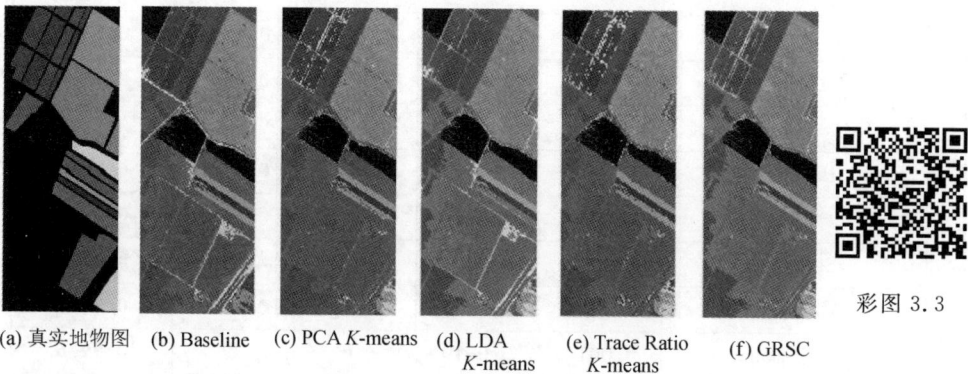

(a) 真实地物图　(b) Baseline　(c) PCA K-means　(d) LDA K-means　(e) Trace Ratio K-means　(f) GRSC

彩图 3.3

图 3.3　不同算法在 Salinas 数据集上的聚类图

从表 3.3 可以看出，GRSC 算法的 AA 为 0.6747，比其他对比算法高 4.8%～25.7%；OA 为 0.6911，比其他对比算法高 2.9%～20.7%；Kappa 系数为 0.6557，比其他对比算法高 3.2%～24.5%。在计算时间方面，GRSC 算法的时间成本为 4.9573 s，聚类速度略慢于基于 LDA 降维的 K-means 聚类算法，但明显快于其他算法。由于 LDA 算法降维后维度为 $c-1$（其中 c 为类别数），而 Salinas 数据集的最优子空间的维度必定大于 $c-1$，这会使得 LDA 降维损失一些信息。从表 3.3 还可以看出，GRSC 算法的 AA、OA 和 Kappa 系数比 LDA K-means 算法的分别高 25.7%、20.7% 和 24.5%。所以综合来看，GRSC 算法的聚类优势明显，也说明贪婪比值和模型更适用于高光谱聚类的降维预处理。

3. 在大型数据集 Pavia Centre 上的实验结果与分析（实验三）

用不同算法在大型数据集 Pavia Centre 上进行聚类实验，定量评价结果如表 3.4 所示，聚类映射图如图 3.4 所示。可以看出，GRSC 算法的聚类图中各地物之间的边界较为清晰，与真实地物图更一致，其中对地物 Bare Soil 的划分远胜于其他算法。

表 3.4　不同算法在 Pavia Centre 数据集上聚类的定量评价

	算 法	Baseline	PCA K-means	LDA K-means	Trace Ratio K-means	GRSC
UA	Water	**0.9936**	**0.9936**	0.9563	0.9433	0.9793
	Trees	**0.6490**	**0.6490**	0.4625	0.4265	0.5582
	Asphalt	0.1748	0.1748	0.5663	0.5373	0.4217
	Self-Blocking Bricks	**0.0369**	**0.0369**	0.0004	0.0004	0.0291
	Bitumen	0.3171	0.3171	0.6021	**0.6361**	0.3595
	Tiles	**0.8914**	**0.8914**	0.3978	0.4338	0.8563
	Shadows	**0.1772**	**0.1772**	0.0796	0.0638	0.0923
	Meadows	0.5004	0.5004	0.7150	0.7280	**0.9154**
	Bare Soil	0.0010	0.0010	0	0	**0.9976**
AA		0.4157	0.4157	0.4200	0.4188	**0.5788**
OA		0.7032	0.7032	0.7236	0.7123	**0.8273**
Kappa 系数		0.5917	0.5917	0.6146	0.6646	**0.7534**
时间/s		146.8400	94.5000	44.2367	95.5020	**23.0700**

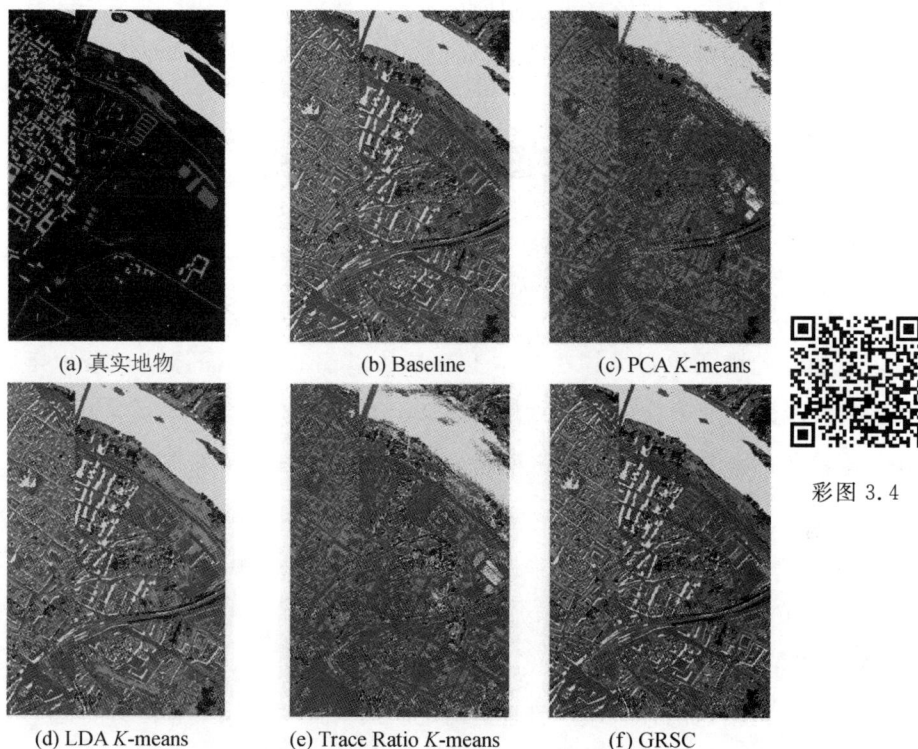

(a) 真实地物　　　　　　　　(b) Baseline　　　　　　　　(c) PCA *K*-means

彩图 3.4

(d) LDA *K*-means　　　(e) Trace Ratio *K*-means　　　(f) GRSC

图 3.4　不同算法在 Pavia Centre 数据集上的聚类图

从表 3.4 可以看出，GRSC 算法的 AA 为 0.5788，比其他对比算法高 37.8%～39.2%；OA 为 0.8273，比其他对比算法高 14.3%～17.6%；Kappa 系数为 0.7534，比其他对比算法高 8.88%～16.2%。跟其他算法相比，GRSC 算法在大规模数据集 Pavia Centre 上聚类精度的优势进一步扩大。更显著的是，GRSC 算法的聚类速度也达到了最快，仅用时 23.0700 s，比不降维的 *K*-means 算法快了 5 倍多，比其他对比算法也快 91.8%～314%，可见基于贪婪比值和的降维算法非常擅长处理大规模图像数据，用作高光谱图像聚类的降维手段具有较大优势。

在三个高光谱图像数据集上的实验结果表明：本节提出的 GRSC 算法在提升高光谱图像的聚类精度和聚类速度上都有一定优势，尤其在大规模图像数据集 Pavia Centre 上优势明显，获得了最好的聚类效果和效率，充分证明了

GRSC 算法可以用作大规模高光谱图像聚类的预处理手段。

3.2　空谱信息融合策略

现有的高光谱图像聚类算法基本上都是从以往的遥感图像处理技术延续而来的，大多数侧重于分析图像的光谱信息，而相对忽略了对图像空间信息的利用。随着高光谱图像的空间分辨率越来越高，空间信息越发重要。本节着重研究对图像进行空间滤波处理，以融合图像的空谱信息。首先阐述了两种不同的空谱信息融合策略：基于相似度分析的空谱信息融合（Spatial-Spectral Information Fusion with Similarity Analysis，IFSA）和基于上下文分析的空谱信息融合（Spatial-Spectral Information Fusion with Context Analysis，IFCA）；之后通过实验比较这两种策略的性能，确定后续研究要采用的预处理方法。

3.2.1　基于相似度分析的空谱信息融合

在高光谱遥感图像中，任意一个像素点与其空间位置上相邻的像素点不仅频谱相关，还空间相关，像素点的分布符合地物分布的空间一致性特点，也就是说，空间上距离很近的像素点很大概率上属于同一类地物，即两个像素点之间的空间距离越近，它们属于同类地物的概率越大，由此可得出一种基于相似度分析的空谱信息融合算法。

设 $\boldsymbol{X} = [\boldsymbol{x}_1, \boldsymbol{x}_2, \cdots, \boldsymbol{x}_n] \in \mathbb{R}^{d \times n}$ 为原始数据，n 为样本数量，d 为样本维度。每个像素点 $\boldsymbol{x}_{ij}$ 的近邻空间为

$$N(\boldsymbol{x}_{ij}) = \{\boldsymbol{x}_{pq} \mid p \in [i-a, i+a], q \in [j-a, j+a]\} \quad (3.23)$$

其中，$a = (\omega - 1)/2$，ω 代表近邻空间的窗口宽度，也叫邻窗尺度，用来调整近邻空间的大小，通常选奇数。根据高光谱图像的物理特性和参数代表的物理意义，可以合理分析：当数据集中地物呈现块状分布且分布较集中时，选择较大的

ω，因为此时近邻空间中像素点之间的空间关系较为密切；而当数据集地物分布比较零散时，需要选择较小的 ω 来表示相对像素点之间较松散的空间关系。

划定近邻空间后，使用以下规则重建像素点 $\hat{x}_{ij}$：

$$\hat{x}_{ij} = \frac{\sum_{x_{pq} \in N(x_{ij})} v_{pq} x_{pq}}{\sum_{x_{pq} \in N(x_{ij})} v_{pq}} \tag{3.24}$$

其中，近邻空间中每个像素点到中心像素点的权重 $v_{pq} = \exp(-\gamma_0 \| x_{ij} - x_{pq} \|^2)$，$\gamma_0$ 为光谱因子，用来调整像素点之间相互影响的程度。光谱曲线越相近的像素点，相互之间的影响越大；光谱曲线越不相近的像素点，相互之间的影响越小。在处理过程中，对近邻空间中与中心像素点差异较大的像素点施加一个数值极小的权重，可以降低异常点的干扰，加强像素点之间的相关性，从而获得更平滑的高光谱图像。

重建像素点后的图像数据为 $\hat{X} = [\hat{x}_1, \hat{x}_2, \cdots, \hat{x}_n] \in \mathbb{R}^{d \times n}$，通过分析重建像素点后光谱信息与原始光谱信息的相似度，融合空谱信息重建像素点，可以提高同类像素点的一致性，增强不同类像素点的差异性，并降低噪声的干扰，这有助于提高聚类精度。

3.2.2　基于上下文分析的空谱信息融合

在高光谱图像中，某像素点近邻空间内相邻像素点的信息称为该像素点的上下文信息。同类地物在空间分布上具有连续性，所以相同近邻空间中的部分近邻点和中心像素点的物理性质接近；而处于图像边缘的像素点，其近邻点以及图像中随机出现的椒盐噪声等在很大概率上和中心像素点不属于同一类别。为解决该问题，通过分析中心像素点的上下文信息，再对近邻空间内的像素点进行加权空谱融合，以提高同类像素点之间的相关性，去掉和中心像素点差异较大的点。

不同位置中心像素点的近邻空间如图 3.5 所示。高光谱图像中每个像素点由一个长方形网格表示；浅灰色网格为中心像素点，深灰色网格为填充模式。当像素点处于正常位置时，如图 3.5(a) 所示，其近邻空间 $N(x_{ij})$ 不需要填充；

当像素点处在边缘区域或角落时，需要用最近的像素点填充近邻空间中的空白像素点，如图 3.5(b)和图 3.5(c)所示；如果角落位置没有最近的像素点，则直接填充 $\boldsymbol{x}_{ij}$。

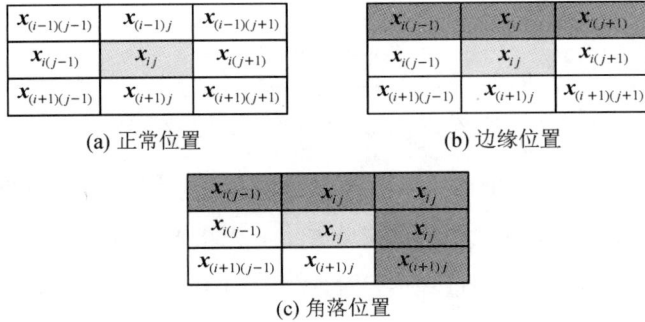

$\boldsymbol{x}_{(i-1)(j-1)}$	$\boldsymbol{x}_{(i-1)j}$	$\boldsymbol{x}_{(i-1)(j+1)}$
$\boldsymbol{x}_{i(j-1)}$	$\boldsymbol{x}_{ij}$	$\boldsymbol{x}_{i(j+1)}$
$\boldsymbol{x}_{(i+1)(j-1)}$	$\boldsymbol{x}_{(i+1)j}$	$\boldsymbol{x}_{(i+1)(j+1)}$

(a) 正常位置

$\boldsymbol{x}_{i(j-1)}$	$\boldsymbol{x}_{ij}$	$\boldsymbol{x}_{i(j+1)}$
$\boldsymbol{x}_{i(j-1)}$	$\boldsymbol{x}_{ij}$	$\boldsymbol{x}_{i(j+1)}$
$\boldsymbol{x}_{(i+1)(j-1)}$	$\boldsymbol{x}_{(i+1)j}$	$\boldsymbol{x}_{(i+1)(j+1)}$

(b) 边缘位置

$\boldsymbol{x}_{i(j-1)}$	$\boldsymbol{x}_{ij}$	$\boldsymbol{x}_{ij}$
$\boldsymbol{x}_{i(j-1)}$	$\boldsymbol{x}_{ij}$	$\boldsymbol{x}_{ij}$
$\boldsymbol{x}_{(i+1)(j-1)}$	$\boldsymbol{x}_{(i+1)j}$	$\boldsymbol{x}_{(i+1)j}$

(c) 角落位置

图 3.5　不同位置中心像素点的近邻空间

基于上下文分析的像素点重构规则如下：

$$\hat{\boldsymbol{x}}_{ij} = \frac{\boldsymbol{x}_{ij} + \sum_{\boldsymbol{x}_{pq} \in N(\boldsymbol{x}_{ij})} \upsilon_{pq} \boldsymbol{x}_{pq}}{1 + \sum_{\boldsymbol{x}_{pq} \in N(\boldsymbol{x}_{ij})} \upsilon_{pq}} \tag{3.25}$$

重建像素点后的图像数据为 $\hat{\boldsymbol{X}} = [\hat{\boldsymbol{x}}_1, \hat{\boldsymbol{x}}_2, \cdots, \hat{\boldsymbol{x}}_n] \in \mathbb{R}^{d \times n}$。

3.2.3　实验结果与分析

本节用上述两种不同的空谱信息融合策略结合三种经典聚类算法（K-means 聚类、FCM 和 SC）进行聚类实验，比较空谱信息融合算法对聚类效果的影响，同时判断哪种空谱信息融合算法更适合高光谱图像谱聚类，为今后高光谱图像快速谱聚类研究采用的预处理方法提供依据。

1. 在小型数据集 Indian Pines 上的实验结果与分析（实验一）

本节先分别用基于相似度分析的空谱信息融合策略和基于上下文分析的空谱信息融合策略对图像进行预处理，然后分别结合三种聚类算法进行聚类，从而获得聚类结果。

不同空谱信息融合的聚类方法在 Indian Pines 数据集上的聚类定量评价结果如表 3.5 所示，形成的聚类图如图 3.6 所示。从表 3.5 可以看出，无论是哪一种空谱信息融合策略,结合 SC 算法之后,聚类效果都更好,其 Kappa 系数、AA 和 OA 均都优于结合 K-means 聚类算法和 FCM 算法。但无论结合哪一种聚类算法,基于上下文分析的空谱信息融合聚类效果都优于基于相似度分析的空谱信息融合聚类。

表 3.5　不同空谱信息融合策略在 Indian Pines 数据集上聚类的定量评价

算法	基于相似度分析			基于上下文分析		
	K-means	FCM	SC	K-means	FCM	SC
AA	0.3445	0.3486	0.3622	0.3612	0.3489	**0.3690**
OA	0.4012	0.4036	0.4112	0.4102	0.4073	**0.4164**
Kappa 系数	0.5002	0.5025	0.5087	0.5025	0.5056	**0.5136**

整体来看,六种算法中基于上下文分析空谱信息融合的谱聚类(IFCA+SC)算法的 AA、OA 和 Kappa 系数都最高,分别为 0.3690、0.4164 和 0.5136。从图 3.6 中可以看出,基于上下文分析空谱信息融合的谱聚类算法的聚类图更清晰、更平滑。所以,基于上下文分析空谱信息融合的谱聚类算法在 Indian Pines 数据集上最具优势。

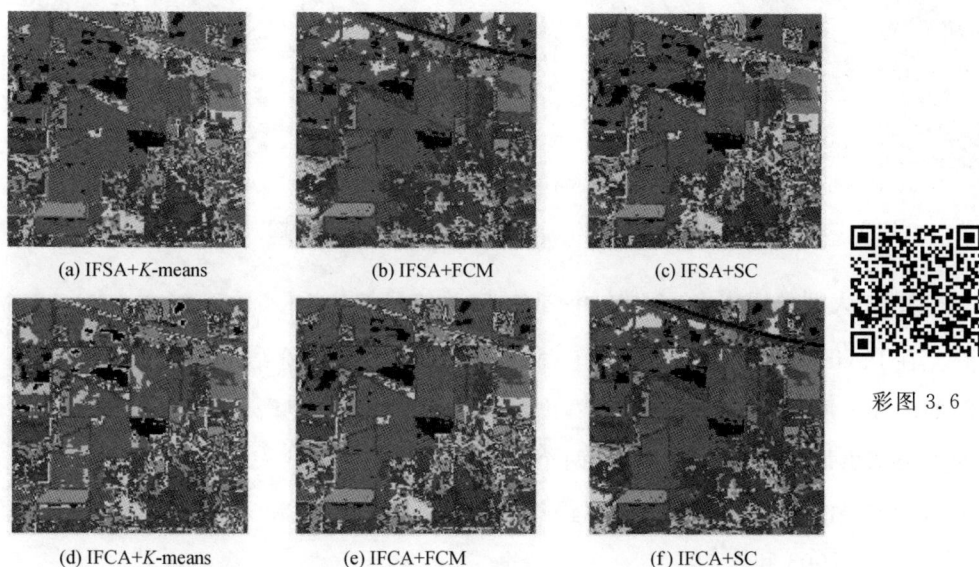

(a) IFSA+K-means　　(b) IFSA+FCM　　(c) IFSA+SC

(d) IFCA+K-means　　(e) IFCA+FCM　　(f) IFCA+SC

彩图 3.6

图 3.6　不同空谱信息融合策略在 Indian Pines 数据集上的聚类图

2. 在中型数据集 Salinas 上的实验结果与分析（实验二）

将六种聚类算法在 Salinas 数据上进行实验，得到的定量评价结果如表3.6 所示，聚类图如图 3.7 所示。从表 3.6 可以看出，基于邻近填补空谱信息融合的谱聚类算法的 AA、OA 和 Kappa 系数分别为 0.7295、0.7442 和0.7156，比其他对比算法分别高出 3.5%～10.6%、4.0%～8.2%和 4.0%～8.9%。

表 3.6　不同空谱信息融合策略在 Salinas 数据集上聚类的定量评价

算法	基于相似度分析			基于上下文分析		
	K-means	FCM	SC	K-means	FCM	SC
AA	0.6670	0.6593	0.6593	0.6946	0.7051	**0.7295**
OA	0.6943	0.7080	0.7157	0.6879	0.6922	**0.7442**
Kappa 系数	0.6771	0.6761	0.6863	0.6878	0.6574	**0.7156**

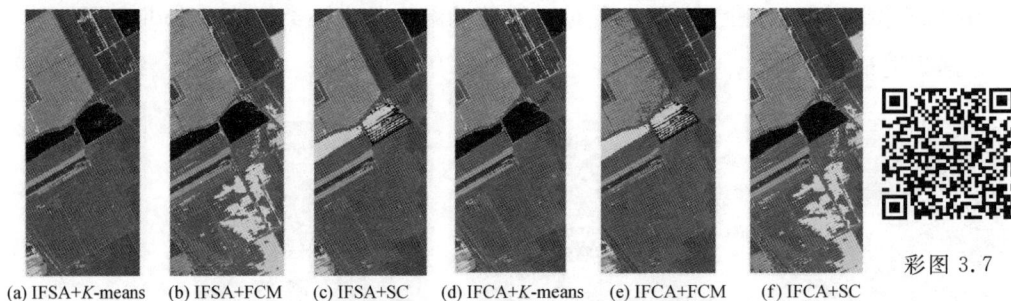

(a) IFSA+K-means　(b) IFSA+FCM　(c) IFSA+SC　(d) IFCA+K-means　(e) IFCA+FCM　(f) IFCA+SC

彩图 3.7

图 3.7　不同空谱信息融合策略在 Salinas 数据集上的聚类图

3. 在大型数据集 Pavia Centre 上的实验结果与分析（实验三）

在 Pavia Centre 数据集上，不同算法的聚类定量评价结果见表 3.7，聚类图如图 3.8 所示。从图 3.8 可以看出，基于邻近填补的空谱信息融合聚类算法的聚类图更加清晰，得出与上述两个实验相同的结论。从表 3.7 可以看出，基于邻近填补的谱聚类的聚类精度仍然为最高，AA、OA 和 Kappa 系数分别为0.6042、0.7003 和 0.6030。

表 3.7　不同空谱信息融合策略在 Pavia Centre 数据集上聚类的定量评价

算法	基于相似度分析			基于上下文分析		
	K-means	FCM	SC	K-means	FCM	SC
AA	0.5021	0.5892	0.5892	0.5157	0.5281	**0.6042**
OA	0.6683	0.6974	0.6974	0.6879	0.6898	**0.7003**
Kappa 系数	0.5877	0.5917	0.5937	0.5917	0.6003	**0.6030**

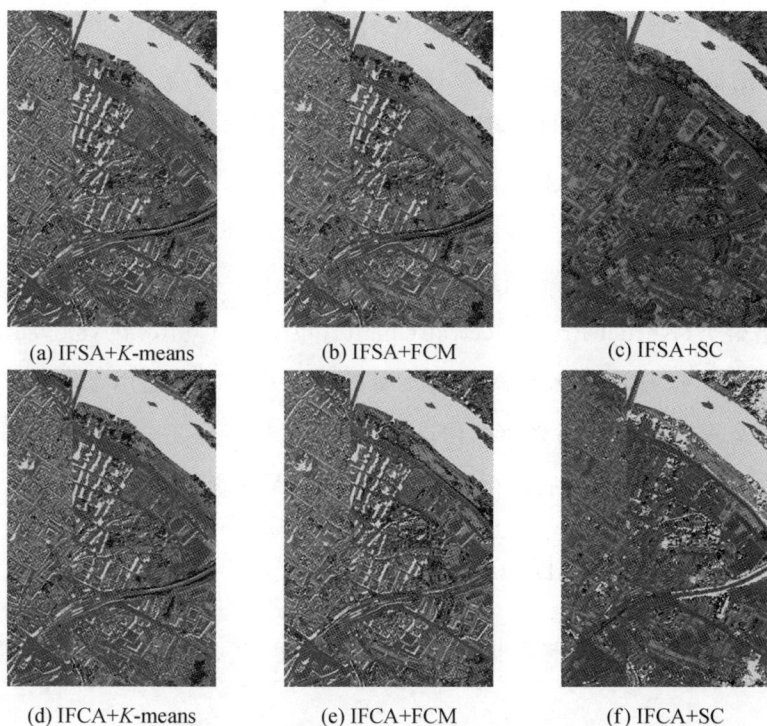

(a) IFSA+K-means　　　(b) IFSA+FCM　　　(c) IFSA+SC

彩图 3.8

(d) IFCA+K-means　　　(e) IFCA+FCM　　　(f) IFCA+SC

图 3.8　不同空谱信息融合策略在 Pavia Centre 数据集上的聚类图

　　综合不同算法在三个数据集上的聚类结果可知，空谱信息融合策略对数据集的规模具有良好的适应性，可以适合不同规模高光谱图像的预处理。基于上下文分析的空谱信息融合的谱聚类算法效果最佳。因此，本书后续对谱聚类算法采取的空谱信息融合预处理手段均基于上下文分析这一策略。

3.3 基于上下文分析的无核谱聚类算法

谱聚类算法在构建邻接矩阵的过程中，通常使用高斯核函数来构建全连接图，此时会引入热核参数。热核参数的值越大，高斯核函数的局部影响范围就越大。热核参数的值太小，则会导致聚类任务中容易出现过拟合，且计算速度较慢。因此，热核参数合适与否将直接影响谱聚类算法的聚类性能。在实验过程中，调节高斯核函数的热核参数会占用大量的人力物力，为了避免调节高斯核函数的热核参数，本节研究用无核相似图的方式来构建邻接矩阵，以实现数据点之间有效的关系表达。在空谱信息融合的基础上，本节提出一种基于上下文分析的无核谱聚类（Kernel-Free Spectral Clustering with Context Analysis，KFCA）算法，"无核"指算法中无须调优热核参数。KFCA 算法先用基于上下文分析的空谱信息融合策略对高光谱图像进行预处理；然后构建一种无核邻接矩阵，实现自适应参数调优；最后进行聚类分析，获得聚类结果。

3.3.1 构建无核相似图

用 $\boldsymbol{Z} \in \mathbb{R}^{n \times n}$ 来表示数据点与数据点之间的相似度，$\boldsymbol{Z}$ 的第 (i, j) 个元素定义为

$$z_{ij} = \frac{K(\boldsymbol{x}_i, \boldsymbol{x}_j)}{\sum_{s \in \Phi_i} K(\boldsymbol{x}_i, \boldsymbol{x}_s)}, \ \forall j \in \Phi_i \qquad (3.26)$$

其中，$\Phi_i \subset \{1, 2, \cdots, m\}$ 表示 x_i 的 k 个最近邻的索引，$K(\boldsymbol{x}_i, \boldsymbol{x}_s)$ 为高斯核函数，高斯核函数可以进一步表示为

$$K(\boldsymbol{x}_i, \boldsymbol{x}_j) = \exp\left(-\frac{\|\boldsymbol{x}_i - \boldsymbol{x}_j\|_2^2}{2\sigma^2}\right) \qquad (3.27)$$

其中，σ 为热核参数。

　　本节构建了一种无核相似图，数据点之间的相似度 z_{ij} 可以通过下式求解：

$$\begin{cases} \min \sum_{j=1}^{n} \| \boldsymbol{x}_i - \boldsymbol{x}_j \|_2^2 z_{ij} + \gamma z_{ij}^2 \\ \boldsymbol{z}_i^{\mathrm{T}} \mathbf{1} = 1, \ z_{ij} \geqslant 0 \end{cases} \tag{3.28}$$

其中，$\boldsymbol{z}_i^{\mathrm{T}}$ 表示 $\boldsymbol{Z}$ 的第 i 行元素，γ 为正则化参数，n 为数据点数。根据定义可知，目标函数的约束条件是矩阵 $\boldsymbol{Z}$ 每一行的元素之和为 1，且每个元素都大于等于 0，从而保证获得的解是非负稀疏的。然而，高光谱图像存在噪声、异常像素或混合像素，式(3.28)没有综合考虑高光谱图像的空间信息，会导致聚类精度不佳。为了充分利用高光谱图像的空间信息，式(3.28)可以进一步改进为

$$\begin{cases} \min \sum_{j=1}^{n} \| \boldsymbol{x}_i - \boldsymbol{x}_j \|_2^2 z_{ij} + \alpha \| \bar{\boldsymbol{x}}_i - \boldsymbol{x}_j \|_2^2 z_{ij} + \gamma z_{ij}^2 \\ \boldsymbol{z}_i^{\mathrm{T}} \mathbf{1} = 1, \ z_{ij} \geqslant 0 \end{cases} \tag{3.29}$$

其中，$\bar{\boldsymbol{x}}_i$ 表示位于数据点 $\boldsymbol{x}_i$ 近邻空间内相邻像素的平均值。参数 α 用来调节高光谱图像中原始数据点和对应均值滤波的数据点之间的平衡。为了方便计算，假设数据点之间的欧氏距离的平方为 d_{ij}^x，即 $d_{ij}^x = \| \boldsymbol{x}_i - \boldsymbol{x}_j \|_2^2$。数据点近邻空间内相邻像素的平均值与数据点之间的欧氏距离的平方为 $d_{ij}^{\bar{x}}$，即 $d_{ij}^{\bar{x}} = \| \bar{\boldsymbol{x}}_i - \boldsymbol{x}_j \|_2^2$。根据式(3.29)可知，$d_{ij}^x$ 和 $d_{ij}^{\bar{x}}$ 的关系式为

$$d_{ij} = d_{ij}^x + \alpha d_{ij}^{\bar{x}} \tag{3.30}$$

$\boldsymbol{d}_i \in \mathbb{R}^{n \times 1}$ 表示列向量，则式(3.30)可以转换为向量形式，即

$$\begin{cases} \min \left\| \boldsymbol{z}_i + \dfrac{1}{2\gamma} \boldsymbol{d}_i \right\|_2^2 \\ \boldsymbol{z}_i^{\mathrm{T}} \mathbf{1} = 1, \ z_{ij} \geqslant 0 \end{cases} \tag{3.31}$$

　　可以直观地发现，式(3.31)中的未知量有向量 $\boldsymbol{z}_i$ 和参数 γ，目的是学习获得一个包含 k 个非零值的稀疏向量 $\boldsymbol{z}_i$，参数 γ 可以通过优化求解获得。因为矩阵 $\boldsymbol{Z}$ 是稀疏的，可以大大减轻后续谱聚类分析的计算负担。式(3.31)的拉格朗日函数为

$$\mathcal{L}(\boldsymbol{z}_i, \eta, \boldsymbol{\beta}_i) = \frac{1}{2} \left\| \boldsymbol{z}_i + \frac{1}{2\gamma} \boldsymbol{d}_i \right\|_2^2 - \eta (\boldsymbol{z}_i^{\mathrm{T}} \mathbf{1} - 1) - \boldsymbol{\beta}_i^{\mathrm{T}} \boldsymbol{z}_i \tag{3.32}$$

其中，η 和 $\boldsymbol{\beta}_i \geqslant \mathbf{0}$ 都是拉格朗日乘子。对上式进行求导可以获得最优解 $\boldsymbol{z}^*$，令 $\boldsymbol{z}_i$ 等于零矩阵，解得

$$\boldsymbol{z}_i^* + \frac{1}{2\gamma}\boldsymbol{d}_i - \eta\mathbf{1} - \boldsymbol{\beta}_i = \mathbf{0} \tag{3.33}$$

其中，$\boldsymbol{z}^*$ 的第 j 个元素为

$$z_{ij}^* + \frac{1}{2\gamma}d_{ij} - \eta - \beta_{ij} = 0 \tag{3.34}$$

根据 Karush-Kuhn-Tucker(KKT)条件的定义可知，式(3.34)的最优解需要满足如下条件：

$$\begin{cases} \forall i \in [1, k], \ \boldsymbol{z}_i^* + \dfrac{1}{2\gamma}\boldsymbol{d}_i - \eta\mathbf{1} - \boldsymbol{\beta}_i^* = \mathbf{0} \\ \forall i \in [1, k], \ \boldsymbol{z}_i^* \geqslant \mathbf{0} \\ \forall i \in [1, k], \ \boldsymbol{\beta}_i^* \geqslant \mathbf{0} \\ \forall i \in [1, k], \ \boldsymbol{z}_i^* \boldsymbol{\beta}_i^* = \mathbf{0} \end{cases} \tag{3.35}$$

由式(3.35)可得式(3.34)的解为

$$z_{ij}^* = \left(-\frac{1}{2\gamma}d_{ij} + \eta\right)_+ \tag{3.36}$$

其中，$(x)_+$ 表示 $\max(x, 0)$，即 $x \geqslant 0$。根据向量 $\boldsymbol{z}_i$ 的约束条件 $\boldsymbol{z}_i^\mathrm{T}\mathbf{1} = 1$ 可知，参数 η 的解为

$$\sum_{j=1}^{k}\left(-\frac{1}{2\gamma}d_{ij} + \eta\right) = 1 \Rightarrow \eta = \frac{1}{k} + \frac{1}{2k\gamma}\sum_{j=1}^{k}d_{ij} \tag{3.37}$$

根据式(3.35)和式(3.36)可知，参数 γ 满足不等式：

$$\frac{k}{2}d_{ik} - \frac{1}{2}\sum_{j=1}^{k}d_{ij} < \gamma \leqslant \frac{k}{2}d_{i(k+1)} - \frac{1}{2}\sum_{j=1}^{k}d_{ij} \tag{3.38}$$

目标函数式(3.31)的最优解为含有 k 个非零值的向量 $\boldsymbol{z}_i^*$，那么参数 γ 的解为

$$\gamma = \frac{k}{2}d_{i(k+1)} - \frac{1}{2}\sum_{j=1}^{k}d_{ij} \tag{3.39}$$

根据式(3.36)、式(3.38)和式(3.39)，可以求得矩阵 $\boldsymbol{Z}$ 的最优解为

$$z_{ij} = \frac{d_{i(k+1)} - d_{ij}}{kd_{i(k+1)} - \sum\limits_{j=1}^{k}d_{ij}} \tag{3.40}$$

至此，无核相似矩阵 $\boldsymbol{Z}$ 构建成功。$\boldsymbol{Z}$ 反映了数据之间的相似度，可以构建谱聚类算法中的邻接矩阵。

3.3.2　KFCA 算法描述

KFCA 谱聚类算法的目标函数为

$$\min_{\boldsymbol{F}^{\mathrm{T}}\boldsymbol{F}=\boldsymbol{I}} \operatorname{tr}(\boldsymbol{F}^{\mathrm{T}}\boldsymbol{L}\boldsymbol{F}) \tag{3.41}$$

其中，$\boldsymbol{F} \in \mathbb{R}^{n \times c}$ 为类指引矩阵，n 为数据集的样本数，c 为类别数。

拉普拉斯矩阵 $\boldsymbol{L}$ 为

$$\boldsymbol{L} = \boldsymbol{D} - \boldsymbol{W} \tag{3.42}$$

其中，$\boldsymbol{W}$ 为邻接矩阵，$\boldsymbol{D}$ 为度矩阵。

在构建无核相似矩阵 $\boldsymbol{Z}$ 的基础上，求出邻接矩阵 $\boldsymbol{W}$，计算公式如下：

$$\boldsymbol{W} = \boldsymbol{Z}\boldsymbol{\Lambda}^{-1}\boldsymbol{Z}^{\mathrm{T}} \tag{3.43}$$

其中，$\boldsymbol{\Lambda}$ 为 $n \times n$ 的对角矩阵，$\boldsymbol{\Lambda}^{-1}$ 表示矩阵 $\boldsymbol{\Lambda}$ 的逆。矩阵 $\boldsymbol{\Lambda}$ 的第 j 个对角元素 Λ_{jj} 为

$$\Lambda_{jj} = \sum_{i=1}^{n} w_{ij} \tag{3.44}$$

由于得到的无核相似矩阵 $\boldsymbol{Z}$ 是稀疏的，所以构建的相似图也是稀疏的。在基于图的聚类任务中，稀疏的相似图能够提升计算效率，降低算法的时间复杂度。

为了更清楚流畅地表达所提出的算法，现将基于上下文分析的无核谱聚类算法的具体步骤描述如下：

输入：数据矩阵 $\boldsymbol{X}$，近邻数 k。

步骤 1：通过 IFCA 策略对高光谱图像进行空谱信息融合预处理。

步骤 2：根据式（3.40）和式（3.43）分别得到无核相似矩阵 $\boldsymbol{Z}$ 和邻接矩阵 $\boldsymbol{W}$。

步骤 3：对邻接矩阵 $\boldsymbol{W}$ 进行奇异值分解，得到其松弛连续解，并进行离散化。

步骤 4：对松弛的离散解执行 K-means 聚类。

输出：类别数 c。

▶▶▶ 3.3.3　实验结果与分析

实验对比算法除了 K-means 聚类、FCM 和 SC 算法之外，还选用了 FCM_S1 算法。FCM_S1 算法是对 FCM 算法的一种改进，算法对每个数据点分配一定的隶属度，同时结合了图像的空间信息进行聚类。与 FCM 算法相比，FCM_S1 算法考虑了图像的空间信息。

1. 在小型数据集 Indian Pines 上的实验结果与分析（实验一）

用 KFCA 算法和其他对比算法在数据集 Indian Pines 上进行聚类实验。根据参数的物理意义，实验中分别设置参数 $w=9$，$\gamma_0=0.2$。聚类结果如图 3.9 所示。

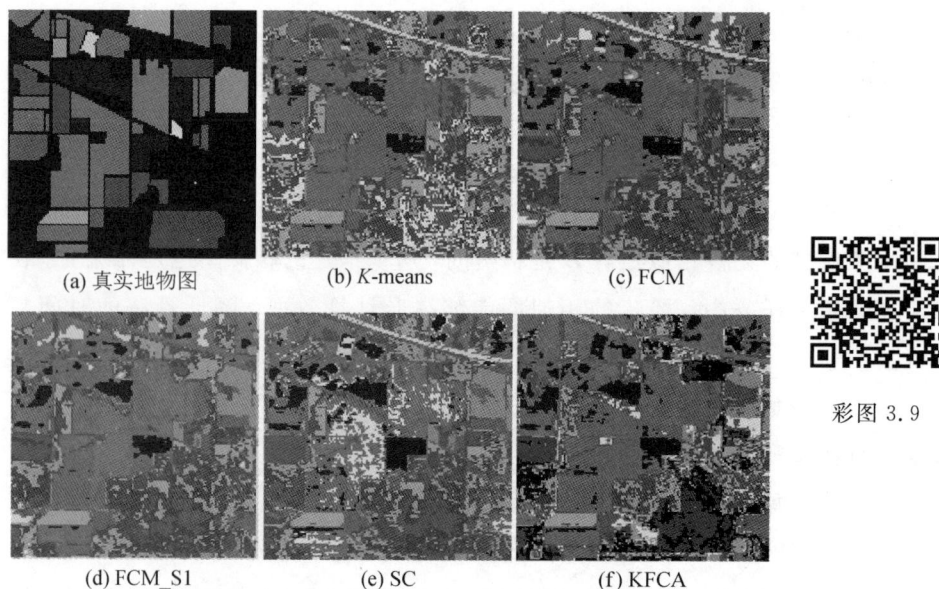

(a) 真实地物图　　　(b) K-means　　　(c) FCM

(d) FCM_S1　　　(e) SC　　　(f) KFCA

彩图 3.9

图 3.9　不同聚类算法在 Indian Pines 数据集上的聚类图

从图 3.9 可以直观地看出，KFCA 算法比其他对比算法产生了更多的同质区域，呈现出更好的聚类效果，这无疑证明了聚类时整合空间信息的重要性。

本实验的定量结果在表 3.8 中显示。表中列出了不同算法聚类时每种地物的 UA，可以看出，KFCA 算法在 5 种地物上获得了最好的 UA，且算法的

AA、OA 和 Kappa 系数分别为 0.4179、0.3820 和 0.3105，均优于其他对比算法。聚类时间最短，仅为 3.0108 s。跟传统谱聚类算法 SC 相比，聚类速度得到了极大提升；与此同时，AA、OA 和 Kappa 系数比 SC 分别提高了约 36%、14%和 13%，聚类精度得到显著提高。

表 3.8　不同算法在 Indian Pines 数据集上聚类的定量评价

	算　法	K-means	FCM	FCM_S1	SC	KFCA
UA	Alfalfa	0	**0.1739**	0	0.0217	0.1522
	Corn-notill	0.2549	0.2801	0.2836	**0.4405**	0.2801
	Corn-mintill	0.4277	0.3988	0.1361	0.3313	**0.4723**
	Corn	0.1561	0.1941	0.173	0.1181	**0.2068**
	Grass-pasture	**0.4969**	0.4845	0.4010	0.0104	0.3996
	Grass-rees	**0.4055**	0.4260	0.3499	0.1699	0.3589
	Grass-pasture-mowed	0.8214	0.7500	0	0	**0.8571**
	Hay-windrowed	0.7448	0.7071	**0.8452**	0.8326	0.8096
	Oats	0.4500	0.3000	**0.6500**	0	0
	Soybean-notill	0.1759	0.1770	**0.4002**	0.2387	0.1728
	Soybean-mintill	0.3629	0.3442	**0.3780**	0.2452	0.3776
	Soybean-clean	0.1669	0.1669	**0.2057**	0.1686	0.1046
	Wheat	0.9805	0.9317	**0.9854**	0.9805	0.9317
	Woods	0.4198	0.4229	0.4277	0.5565	**0.5708**
	Bildings-Grass-Trees-Drives	0.1788	0.1736	0.1554	**0.1969**	0.1321
	Stone-steel-Towers	0.7419	0	0	0.5914	**0.8602**
AA		0.4140	0.3707	0.3445	0.3064	**0.4179**
OA		0.3621	0.3516	0.3639	0.3347	**0.3820**
Kappa 系数		0.2983	0.2819	0.2894	0.2755	**0.3105**
时间/s		3.6112	3.4129	4.0568	39.2833	**3.0108**

2. 在中型数据集 Salinas 上的实验结果与分析(实验二)

接下来在中型数据集 Salinas 上进行实验,以验证 KFCA 算法在较大规模数据集上的聚类性能。实验中,设定参数 $w=9$,$\gamma_0=0.2$,实验结果如图 3.10 和表 3.9 所示。

彩图 3.10

(a) 真实地物图   (b) *K*-means   (c) FCM   (d) FCM_S1   (e) KFCA

图 3.10   不同聚类算法在 Salinas 数据集上的聚类图

表 3.9   不同算法在 Salinas 数据集上聚类的定量评价

	算 法	*K*-means	FCM	FCM_S1	KFCA
UA	Brocoli_weeds_1	0	0.9970	0.9826	**0.9980**
	Brocoli_weeds_2	**0.9235**	0.3983	0.4334	0.3140
	Fallow	0	**0.7804**	0	0.5187
	Fallow_ rough	**0.9957**	0.9684	0.9950	0.9785
	Fallow_ smooth	**0.9731**	0.9612	0.9537	0.9376
	Stubble	0.8702	0.8005	0.9507	**0.9616**
	Celery	0.9042	0.9695	0.5968	**0.9927**
	Grapes_untrained	0.4170	0.6729	**0.7355**	0.5889
	Soil	0.9692	0.9908	**0.9916**	0.8778
	Corn	0.0107	0	0.0003	**0.6324**
	Lettuce_ 4wk	0	0.0552	0.0824	**0.5983**

续表

算 法		K-means	FCM	FCM_S1	KFCA
UA	Leltuce_ 5wk	0.9175	0.4785	0.9507	**0.9517**
	Lettuce_6wk	**0.9858**	0.9749	0.9814	0
	Lettuce_7wk	0.8897	0.8729	0.8897	**0.9720**
	Vinyard_ untrained	**0.6384**	0.5092	0.4501	0.6322
	Vinyard_ trellis	0.4189	**0.4671**	0.4593	0.0011
AA		0.6196	0.6810	0.6533	**0.6847**
OA		0.6260	0.6775	0.6603	**0.6965**
Kappa 系数		0.5871	0.6403	0.6205	**0.6633**
时间/s		16.0668	11.9135	19.6427	**10.1920**

从图 3.10 可以看出，K-means 聚类算法无法将一些地物从高光谱图中划分出来，FCM 算法无法将 Corn 类别地物划分出来。相比之下，FCM_S1 和 KFCA 算法比其他算法产生了更多的同质区域，各地物之间的界限更加清晰，这充分说明在聚类算法中融合空间信息的必要性。对比地面真实图可以看出，KFCA 算法的地物划分结果最准确，超过了同样考虑空间信息的 FCM_S1 算法，这充分说明空谱信息融合能够获得更好的聚类效果。

表 3.9 中，谱聚类由于内存不足（Out of Memory，OM）而无法工作。KFCA 算法的 AA、OA 和 Kappa 系数分别为 0.6847、0.6965 和 0.6633，均高于其他三种算法；KFCA 算法的聚类时间也最短，仅为 10.1920 s。相比在小型数据集 Indian Pines 上的聚类结果，KFCA 算法的聚类精度得到了很大的提升，可见 KFCA 算法更擅长处理较大规模的高光谱图像聚类。

3. 在大型数据集 Pavia Centre 上的实验结果与分析（实验三）

最后，用不同算法在大规模高光谱数据集 Pavia Centre 上进行聚类实验。实验中设置参数 $w=3$，$\gamma_0=0.1$，实验结果见图 3.11 和表 3.10。可以发现，谱聚类算法同样由于 OM 而无法工作。从图 3.11 可以看出，KFCA 算法比其他三种聚类算法都产生了更好的聚类效果，尤其是对 3 类地物（Water、Asphalt、

Shadows)进行了非常清晰的划分。

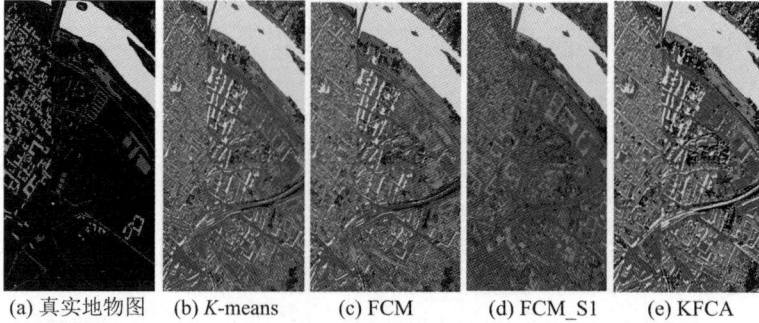

(a) 真实地物图　(b) *K*-means　(c) FCM　(d) FCM_S1　(e) KFCA

图 3.11　不同聚类算法在 Pavia Centre 数据集上的聚类图　　彩图 3.11

表 3.10　不同算法在 Pavia Centre 数据集上聚类的定量评价

	算　法	*K*-means	FCM	FCM_S1	KFCA
UA	Water	0.9936	0.9929	0.9941	**0.9942**
	Trees	**0.6490**	0.6436	0.5770	0.4137
	Asphalt	0.1748	0.1657	0.2654	**0.7071**
	Self-Blocking Bricks	0.0369	0.1155	**0.1285**	0.1162
	Bitumen	0.3171	0.5184	**0.5844**	0.5758
	Tiles	0.8914	0.8200	0.9067	**0.9378**
	Shadows	0.1772	0.2352	**0.7675**	0.6328
	Meadows	0.5004	0.5223	0.5217	**0.5323**
	Bare Soil	0.0010	0.0010	0.0003	**0.0007**
AA		0.4157	0.4461	0.5273	**0.5456**
OA		0.7032	0.7175	0.7413	**0.7499**
Kappa 系数		0.5917	0.6116	0.6542	**0.6560**
时间/s		115.3221	62.6861	67.8717	**62.6189**

从表 3.10 可以看出，KFCA 算法的 AA 为 0.5465，比 *K*-means 算法和 FCM_S1 聚类算法分别提高了约 30％和 20％，意味着 KFCA 算法比传统聚类

算法的聚类性能有了很大的改进。KFCA 算法的 OA 更是达到了 0.7499，Kappa 系数达到了 0.6560。KFCA 算法的聚类时间为 62.6189 s，比 K-means 聚类算法加快了约 45%，略快于 FCM 和 FCM_S1 算法。再一次证明，KFCA 算法在大规模高光谱图像数据上具有非常显著的聚类精度优势和一定的速度优势，充分说明无核策略和空谱信息融合处理对高光谱图像聚类的有效性。

在三个高光谱数据集上的实验及结果验证了 KFCA 算法在大规模高光谱图像聚类中具有良好的聚类效果。实验中，传统谱聚类算法在两个较大规模的数据集 Salinas 和 Pavia Centre 上均存在由于内存不足而无法运行的问题，所以必须降低空谱信息融合处理的谱聚类算法的时间复杂度。

在实际情况中，高光谱图像数据可能会受到噪声的污染，从而导致构建错误的邻接矩阵。因此，采用空谱信息融合策略重建高光谱数据，可以有效降低噪声数据的干扰。新构建的图像数据加权融合了图像的空间信息和光谱信息，因此获得了更好的聚类精度。此外，大多数基于图的方法通常采用基于核的邻近分配策略，需要进行大量的实验来选择合适的热核参数。而 KFCA 算法通过构造无核邻接矩阵实现了自适应参数调优。可以说，KFCA 算法是一种鲁棒的聚类算法。

针对高光谱图像的空间分辨率和光谱分辨率快速提高而带来数据量急剧增长的问题，本章提出了两种基于特征处理的聚类预处理算法：基于贪婪比值和降维的谱聚类算法和基于上下文分析的无核谱聚类算法，分别旨在降低高光谱数据的维度（提高聚类速度）和融合图像的空谱信息（提升聚类精度）。

GRSC 算法的创新之处：

(1) 构建了针对高光谱图像的比值和降维模型，找出高光谱图像的最优光谱子空间，克服了传统降维算法易丢失光谱特征中主要信息的不足；

(2) 使用贪婪法对比值和降维模型进行求解，确保在每一个投影方向找到最优解，从而找到全局最优解。

通过贪婪比值和降维模型找到高光谱图像的最优光谱子空间后，再用 K-means 聚类算法获得聚类结果。实验结果表明：随着数据规模的增长，GRSC 算法在聚类速度上的优势逐渐明显：在小型数据 Indian Pines 上与其他对比算法用时相近，在中型数据集 Salinas 上其聚类速度仅次于 LDA＋ K-means 聚类算法，而高于其他对比算法，比未经降维处理的 K-means 聚类算法快了约 77％；在大型数据集上，GRSC 算法的聚类速度最快，比不降维的 K-means 聚类算法快了 5 倍多，比其他对比算法也快了 91.8％～314％。在聚类精度上，GRSC 算法的 AA、OA 和 Kappa 系数均高于其他对比算法。因此，GRSC 算法能够提升高光谱图像的聚类效率，此外，贪婪比值和降维模型具有很强的泛化性，可以用作其他聚类算法的降维预处理手段。

KFCA 算法的创新之处：

（1）通过基于上下文分析的空谱信息融合策略对高光谱图像进行预处理，重构图像的像素点，加强了像素之间的相关性，降低了异常数据对后续聚类过程的影响；

（2）构建了一种无核相似图，实现参数的自适应调优。

实验结果表明：KFCA 算法比其他对比算法产生了更多的同质区域，呈现出更好的聚类图，证明了整合空间信息的重要性。在 Indian Pines 数据集上，其 AA、OA 和 Kappa 系数比谱聚类算法分别提高了约 36％、14％和 13％，在 Salinas 和 Pavia Centre 数据集上的 OA 更是达到了 70％和 75％，聚类精度有显著提高，而且并没有以更多的时间消耗为代价。这充分说明经过空谱信息融合预处理的 KFCA 算法可以有效提升高光谱图像谱聚类算法的聚类精度。

第 4 章

基于优质单层锚点图的快速谱聚类算法

  针对高光谱图像数据量过大导致谱聚类算法的时间复杂度过高的问题，本章提出一种基于优质单层锚点图的快速谱聚类算法。首先，为了融合图像的空间信息，并避免在实验中调节高斯核函数的热核参数，采用本书提出的基于上下文分析的无核谱聚类算法对高光谱图像进行预处理；之后，为了有效减少构建邻接矩阵的数据量，通过构造锚点图来描述邻接矩阵，从而降低算法的时间复杂度，为实现快速谱聚类打下基础。最后，用 K-means 聚类算法来选取更具有代表性的锚点，用以构造优质锚点图。下文中将提出的算法称为基于优质单层锚点图的快速谱聚类（Fast Spectral Clustering via Single-layer Anchor-graph of high-Quality，FSAQ）算法。

4.1　FSAQ 算法描述

4.1.1　构建锚点图

锚点是指从 n 个原始数据点中筛选出能表征整个数据集的点集，锚点图由锚点构成。图 4.1 展示了锚点图的构建。假设原始图像数据含有 n 个像素点，从中选取 m 个锚点，那么就能将构建全连接图的数据量从 $n \times n$ 降到了 $n \times m(m < n)$。

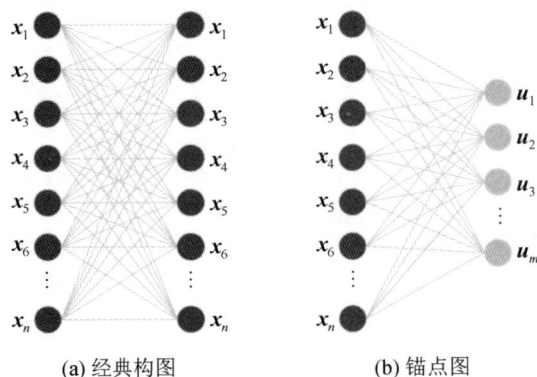

(a) 经典构图　　　(b) 锚点图

图 4.1　锚点图的构建

得到 m 个锚点之后，在原始数据的基础上建立一个图的正则化框架，既能包含所有含有用信息的数据点，显示出高保真度，还能减少数据量，降低算法的时间复杂度。

设原始数据点与锚点之间的相似矩阵为 $\boldsymbol{Z} \in \mathbb{R}^{n \times m}$，$z_{ij}$ 表示第 i 个数据点与第 j 个锚点之间的相似度。图 4.2 展示了相似矩阵 $\boldsymbol{Z}$ 的构造方式，其中，深色点为原始数据，右边浅色点为生成的锚点。首先，构造一个包含 10 000 个原始数据点的三环结构，然后从原始数据中选择 500 个锚点。为了方便起见，只显示了层间边缘的一小部分，用来表示原始数据和锚点之间的权重。

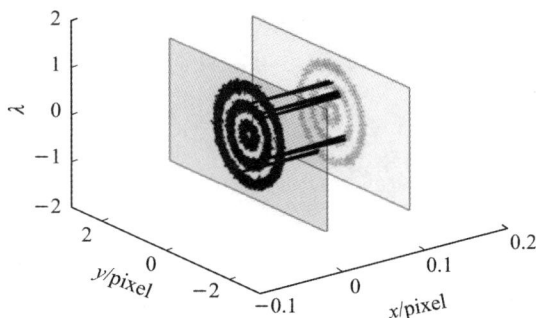

图 4.2　构造矩阵 **Z**

　　锚点选取的优劣将直接影响算法的性能。大多数基于锚点的聚类算法都采取随机（Random）选点。

　　随机选点，顾名思义，就是从数据集中随机选择一些数据点当作锚点。随机选点的原理与随机抽样法的原理一致，遵循随机化的原则，不考虑数据点之间的任何关系，完全从数据集中随机生成索引进行数据点选取，并构成一个锚点集。

　　根据概率统计的原理，在数据量已知的大规模高光谱数据集中：首先，依据实际情况确定随机选取锚点的数量。然后，借助于相关软件或计算机程序执行随机选点的过程，从而保证数据集中每一个数据点是相互独立的、已知的，且被选中的概率相等。选取的锚点数量是随机选点的关键。如果锚点数量过大，会增加算法的时间复杂度和运算负担；如果锚点数量过小，选取的锚点则难以有效覆盖整个数据集。随机选点方法的时间复杂度为 $O(1)$，但生成的锚点很可能无法代表整个数据集。因此随机选点法只适用于追求聚类速度且对聚类精度要求不高的情况。

4.1.2　*K*-means 选点

　　对于高光谱图像，将原始数据的类中心选为锚点是很合适的，因为它能很好地表示该类数据点的特征。一般情况下，选取的锚点数应该多于类中心的数量，以尽可能保证选取的锚点可以代表整个样本。

K-means 选点法就是基于这种思路，通过 K-means 聚类算法选取锚点。其基本思想为：将数据集中的 n 个数据点划分为 m 个类，使类内数据点相似度尽可能高，且类间数据点的相似度尽可能低。在此基础上，将 m 个类的类中心当作锚点。

假设给定的高光谱数据集为 $\boldsymbol{X} = \{\boldsymbol{x}_1, \boldsymbol{x}_2, \cdots, \boldsymbol{x}_n\}$，划分的类别为 $\boldsymbol{C} = \{\boldsymbol{c}_1, \boldsymbol{c}_2, \cdots, \boldsymbol{c}_m\}$。要划分数据点，首先需要计算数据点之间的距离。通常采用欧氏距离的平方来衡量数据点之间的距离，即

$$d(\boldsymbol{x}_i, \boldsymbol{x}_j) = \parallel \boldsymbol{x}_i - \boldsymbol{x}_j \parallel_2^2 \tag{4.1}$$

那么类划分的最小化平方误差，即 K-means 聚算法的代价函数为

$$J = \sum_{i=1}^{m} \sum_{x \in c_i} \parallel \boldsymbol{x} - \boldsymbol{\mu}_i \parallel_2^2 \tag{4.2}$$

其中，$\boldsymbol{\mu}_i$ 为类别 $\boldsymbol{c}_i$ 的均值向量，即类中心向量。$\boldsymbol{\mu}_i$ 的定义为

$$\boldsymbol{\mu}_i = \frac{1}{|\boldsymbol{c}_i|} \sum_{x \in c_i} \boldsymbol{x} \tag{4.3}$$

直观来看，式(4.3)在一定程度上反映了类内数据点围绕着类均值向量 $\boldsymbol{\mu}_i$ 的紧密程度，代价函数 J 的取值越小，意味着类内数据点的相似度越高。所以式(4.3)可以转化为求解最优化问题：

$$\boldsymbol{C}^* = \mathrm{argmin} J = \mathrm{argmin} \sum_{i=1}^{m} \sum_{x \in c_i} \parallel \boldsymbol{x} - \boldsymbol{\mu}_i \parallel_2^2 \tag{4.4}$$

其中，$\boldsymbol{C}^*$ 为式(4.3)最优解下的类别。式(4.4)的最优解需要考虑数据集 $\boldsymbol{X}$ 所有可能的类划分，这是一个非确定多项式难题。因此，K-means 选点方法采用了贪婪策略，通过交替优化来近似求解式(4.4)。当类中心不再变化时，目标函数达到收敛，进而将得到的聚类中心作为锚点。

采用 K-means 选点方法生成的锚点，能够对整个数据集进行合理表征，但该方法的时间复杂度远高于随机选点法，为 $O(ndmt)$，其中 n 为总像素数，d 为数据维度，m 为锚点维度，t 为迭代次数。

锚点的选取策略对最终的聚类性能影响很大，随机选择策略是一种非常快

速简单的方法，但不能保证所选的锚点足够构造出整个数据的相似图，在实际应用中往往性能较差。相比之下，K-means 聚类算法可以生成具有代表性的锚点，从而获得更好的聚类性能。

▶▶ 4.1.3　基于锚点图的谱聚类

用矩阵 $U = [u_1, u_2, \cdots, u_m]^\mathrm{T} \in \mathbb{R}^{n \times m}$ 表示生成的 m 个锚点数据。数据点与锚点之间的相似关系可定义为

$$\begin{cases} \min \sum_{j=1}^m \| x_i - u_j \|_2^2 z_{ij} + \gamma z_{ij}^2 \\ z_i^\mathrm{T} \mathbf{1} = 1, \ z_{ij} \geqslant 0 \end{cases} \tag{4.5}$$

对于第 i 个数据点 x_i，所有数据点 $\{x_1, x_2, \cdots, x_n\}$ 成为 x_i 邻近元素的概率为 z_{ij}。通常，相距较近的数据点之间应该分配一个较大的概率 z_{ij}，所以确定概率 z_{ij} 的一般方法是解决以下问题：

$$\begin{cases} \min \sum_{j=1}^n \| x_i - u_j \|_2^2 z_{ij} \\ z_i^\mathrm{T} \mathbf{1} = 1, \ z_{ij} \geqslant 0 \end{cases} \tag{4.6}$$

其中，z_{ij} 是向量 z_i 的第 j 个元素。

式(4.6)有一个平凡解，只有最近的数据点可以是 x_i 的邻近元素，概率为 1，而其他所有的数据点不能作为 x_i 的邻近元素。但是，在不涉及数据中任何距离信息的情况下可以解决以下问题：

$$\min_{z_i^\mathrm{T} \mathbf{1} = 1, \ z_{ij} \geqslant 0} \sum_{j=1}^n z_{ij}^2 \tag{4.7}$$

式(4.7)最优解的所有数据点都可以是 x_i 的邻近元素，且它们的概率相同，都为 $1/n$，这可以被看作邻近元素的优先分配。

结合式(4.6)和式(4.7)，可以求解如下问题：

$$\min_{z_i^\mathrm{T} \mathbf{1} = 1, \ z_{ij} \geqslant 0} \sum_{j=1}^n (\| x_i - u_j \|_2^2 z_{ij} + \gamma z_{ij}^2) \tag{4.8}$$

式(4.8)中的第二项是正则化，γ 是正则化参数。$d_{ij}^x = \| x_i - u_j \|_2^2$ 表示

d_i 向量的第 j 个元素，则式(4.8)的向量形式为

$$\min_{z_i^{\mathrm{T}}\mathbf{1}=1,\, z_{ij}\geqslant 0} \left\| z_i + \frac{1}{2\gamma} d_i^x \right\|_2^2 \tag{4.9}$$

这个问题可以用封闭形式的方案来解决。

为了避免额外调优参数，采用本书在第 3.3.1 节中提出的无核邻接矩阵构建方式。不同点在于，构建相似矩阵 $\mathbf{Z}$ 时将目标函数中原始数据点之间的关系变成数据点与锚点之间的关系。

另外，原始高光谱图像存在噪声、异常像素或混合像素等干扰，不考虑约束图像的空间信息中这些异常像素的影响，会导致聚类精度不佳，因此在式(4.8)中加入一个针对图像空间信息的约束项，用来降低噪声等异常像素的干扰，目标函数则变为

$$\min_{z_i^{\mathrm{T}}\mathbf{1}=1,\, z_{ij}\geqslant 0} \sum_{j=1}^{m} \| x_i - u_j \|_2^2 z_{ij} + \alpha \| \bar{x}_i - u_j \|_2^2 z_{ij} + \gamma z_{ij}^2 \tag{4.10}$$

其中，$\bar{x}_i$ 表示位于数据点 x_i 的邻近空间内相邻像素的平均值，参数 α 用来调节锚点和对应均值滤波的数据点之间的平衡。式(4.10)进一步考虑了高光谱图像的空间信息。那么，基于锚点图的无核相似矩阵 $\mathbf{Z}$ 的元素为

$$z_{ij} = \frac{d_{i(k+1)} - d_{ij}}{kd_{i(k+1)} - \sum_{j=1}^{k} d_{ij}} \tag{4.11}$$

在此基础上，求出邻接矩阵 $\mathbf{W}$：

$$\mathbf{W} = \mathbf{Z}\mathbf{\Lambda}^{-1}\mathbf{Z}^{\mathrm{T}} \tag{4.12}$$

》》 4.1.4 算法流程

本书将以上描述的算法称为基于优质单层锚点图的快速谱聚类算法，具体步骤如下：

输入：数据矩阵 $\mathbf{X}$，锚点数 m。

步骤 1：用 K-means 选点法生成 m 个锚点。

步骤 2：根据式(4.11)构建无核相似矩阵 $\mathbf{Z}$。

步骤 3：根据式(4.12)得到无核邻接矩阵 $\mathbf{W}$。

步骤 4：通过对矩阵 W 进行奇异值分解得到 F 的松弛连续解。

步骤 5：通过 $K\text{-means}$ 聚类算法得到数据点的类别指标。

输出：类别数 c。

4.1.5　时间复杂度分析

FSAQ 算法的时间复杂度分为以下部分：

（1）空谱信息融合重建方法的时间复杂度为 $O(nd\omega^2)$，其中，n、d 和 ω 分别为像素数、光谱波段和邻窗尺度；

（2）用 $K\text{-means}$ 选点法选取 m 个锚点，对应的时间复杂度为 $O(ndmt_1)$，其中 t_1 为迭代次数；

（3）获得无核相似矩阵 Z 的时间复杂度为 $O(ndm)$；

（4）在邻接矩阵 W 上进行奇异值分解，获得 F 的放松连续解的时间复杂度为 $O(m^2c + nmc)$；

（5）执行 $K\text{-means}$ 聚类的时间复杂度为 $O(nmct_2)$，其中 t_2 是迭代数。

综上所述，FSAQ 算法的时间复杂度可近似为 $O[nd(\omega^2 + m)]$。因为 $m \ll n$，$\omega^2 \ll n$，所以引入锚点图策略使得 FSAQ 算法的时间复杂度相比传统谱聚类算法（时间复杂度为 $O[n^2(d + c)]$）有很大的降低。

4.2　实验结果与分析

4.2.1　锚点实验分析

FSAQ 算法构建了锚点图，其中锚点数 m 是该算法的关键参数。选取合适的锚点数可以构建更加合理的锚点图，提升算法的聚类性能。本节用 FSAQ

算法在三个高光谱数据集上进行聚类实验，研究锚点数 m 如何影响算法的聚类性能。实验用 AA 和 OA 来衡量算法的聚类效果，锚点数在 $2^6 \sim 2^{11}$ 范围内调节，结果如图 4.3 所示。

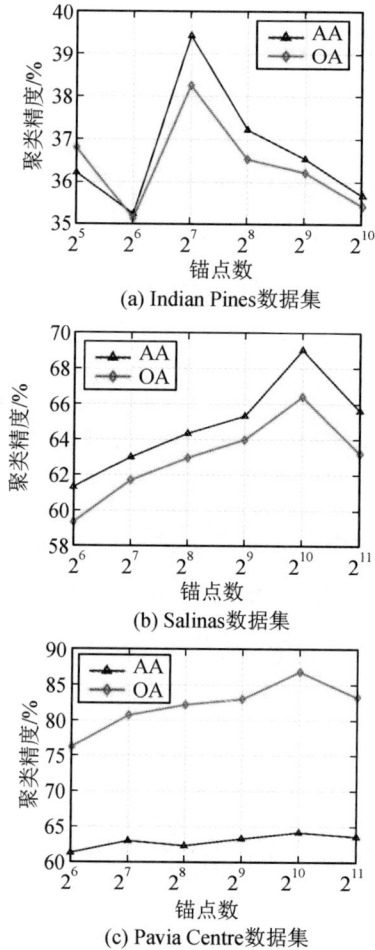

(a) Indian Pines数据集

(b) Salinas数据集

(c) Pavia Centre数据集

图 4.3　不同锚点数对 FSAQ 算法聚类精度的影响

从图 4.3 可以看出，当锚点数 m 增加时，聚类精度先是随之更高；当锚点数到达一定数量后，聚类精度不升反降。在各自的转折点之前，随着高光谱数据集规模的增长，选取的锚点数 m 需要足够多，才能更好地表征整个数据集。

图 4.4 展示了锚点数对 FSAQ 算法聚类时间的影响。可以看出，随着锚点

数的增加，聚类时间随之变长。因此，在实际情况中，不能为了追求聚类精度而一味选择更多的锚点数，还需综合考虑聚类速度，选出合适的锚点数。

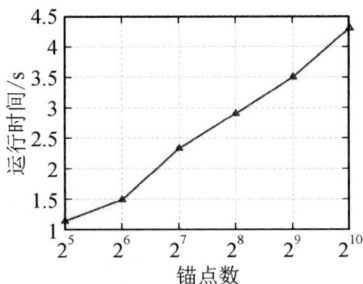

(a) Indian Pines数据集

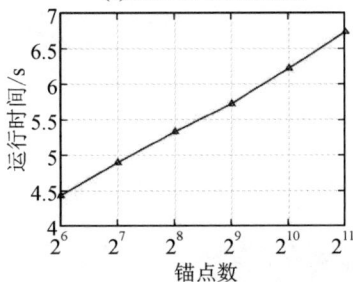

(b) Salinas数据集

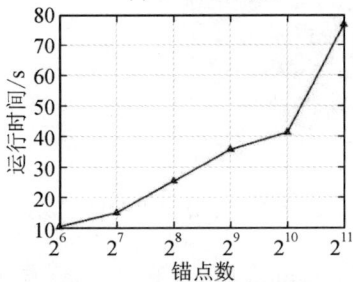

(c) Pavia Centre数据集

图 4.4　不同锚点数对 FSAQ 算法聚类速度的影响

4.2.2　算法的参数分析

本书提出的 FSAQ 算法中包含两个参数（邻窗尺度 ω 和正则化参数 γ）。ω 是空谱信息融合重建策略中去噪的近邻空间的宽度，一般来说，图像中同质区域的大小决定了参数 ω 的大小。γ 是构建无核相似矩阵时的正则化参数。为了验证上述理论分析是否正确，并研究这两个参数之间的联合作用，用 FSAQ 算法在三个高光谱数据集上进行聚类实验，并用 OA 来评价算法的聚类效果，实验结果如图 4.5 所示。

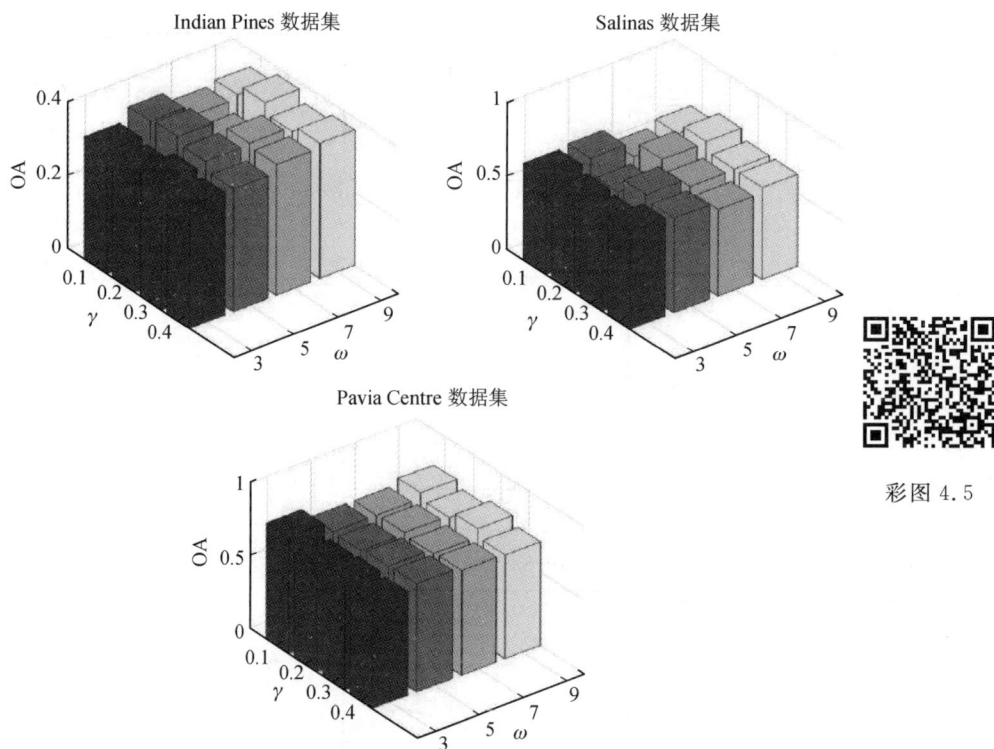

彩图 4.5

图 4.5　不同参数设置对 FSAQ 算法聚类精度的影响

从图 4.5 可以看出，在 Indian Pines 和 Salinas 数据集中，较大的 ω 可以获得更好的聚类结果；在 Pavia Centre 数据集中，较小的 ω 可以获得更好的聚类结果。Indian Pines 和 Salinas 数据集的地物真实图中每个同质区域都是清晰和宽阔的，因此在聚类实验中适合选择较大的 ω。Pavia Centre 数据集中相同的同质区域呈斑块状，因此在实验中适合选择较小的 ω，这是因为大型均匀区域在不同类别的像素之间缓慢变化，而小型均匀区域在不同类别的像素之间快速变化。从实验中可以看出，γ 的值越小，信息的联合作用效果越好。

下面的聚类实验包含两个部分：

（1）将 FSAQ 算法与四种常用的聚类算法（K-means 聚类、FCM、FCM_S1 和谱聚类）进行比较，分析各聚类算法的聚类精度和运行时间。

（2）比较不同锚点选取方式对 FSAQ 算法的影响：为了比较随机选点和 K-means 选点对 FSAQ 算法聚类精度和速度的影响，在算法的步骤 1 中分别采用随机选点（Random）和 K-means 选点，其他步骤不变，这两种算法在实验中分别记作 FSAQ-R 和 FSAQ-K。

1. 在小型数据集 Indian Pines 上的实验结果与分析（实验一）

首先在小型数据集 Indian Pines 数据集上进行聚类实验，根据算法参数分析，设置参数 $\omega=9$，$\gamma=0.2$，选取 128 个锚点。图 4.6 展现了不同算法获得的聚类图。

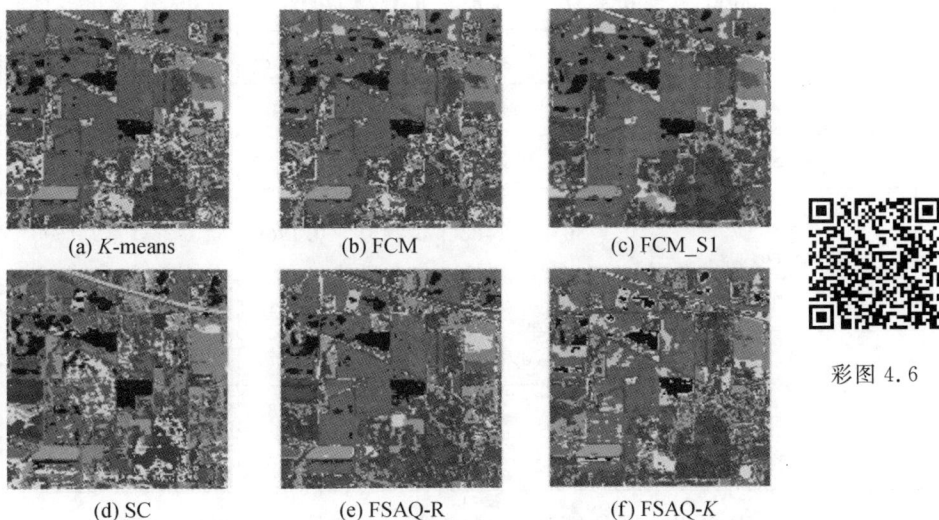

(a) K-means　　　　(b) FCM　　　　(c) FCM_S1

(d) SC　　　　(e) FSAQ-R　　　　(f) FSAQ-K

彩图 4.6

图 4.6　不同聚类算法在 Indian Pines 数据集上的聚类图

从图 4.6 中可以看出，与其他算法相比，FSAQ-K 算法生成了更多同质区域和更好的聚类图，这清楚地反映了融合空间信息的重要性和基于 K-means

方法选取锚点图策略的有效性。实验的定量评价结果如表 4.1 所示。

表 4.1   不同算法在 Indian Pines 数据集上聚类的定量评价

算 法		K-means	FCM	FCM_S1	SC	FSAQ-R	FSAQ-K
	Alfalfa	0	0	0.0652	0.0217	0.1087	**0.1522**
	Corn-notill	0.2850	0.2773	0.2829	**0.4468**	0.3445	0.3046
	Corn-mintill	**0.4434**	0.4096	0.1157	0.2819	0.3867	0.3458
	Corn	0.1603	0.1392	0.2068	0.0633	**0.2236**	0.2152
	Grass-pasture	0.4969	0.4865	0.4907	0.0104	0.3830	**0.5197**
	Grass-trees	0.4082	0.4425	**0.4986**	0.1699	0.4137	0.4301
	Grass-pasture-mowed	0.6071	**0.7857**	0	0	0	0
	Hay-windrowed	0.7594	0.7950	0.6925	0.8326	0.5774	**0.8096**
UA	Oats	0.4500	0.4000	0.4500	0	**0.5500**	0.4500
	Soybean-notill	0.1862	0.2840	**0.3920**	0.1996	0.3025	0.3025
	Soybean-mintill	0.3837	0.3381	**0.3792**	0.2452	0.3605	0.3711
	Soybean-clean	0.1686	0.1417	0.2125	0.1636	0.2192	**0.2411**
	Wheat	**0.9902**	0.9610	0.8683	0.9805	0.9756	**0.9902**
	Woods	0.4024	0.4261	0.4498	**0.5557**	0.4949	0.3929
	Bildings-Grass-Trees-Drives	0.1736	0.1788	0.1451	**0.1969**	0.1736	0.1606
	Stone-steel-Towers	0	0	0	0.5914	**0.7957**	0.7849
AA		0.3697	0.3791	0.3281	0.2975	0.3944	**0.4044**
OA		0.3651	0.3641	0.3643	0.3262	0.3826	**0.3829**
Kappa 系数		0.2937	0.2944	0.2896	0.2653	0.3140	**0.3144**

从表 4.1 可以看出，每种算法在特定地物上都可能有更好的 UA，比如：K-means 聚类算法在地物 Corn-min 和 Wheat 上取得最好的 UA；FCM 算法在地物 Grass/Pasture-mowed 上的 UA 最高；FCM_S1 算法在地物 Grass/Tress、Soybean-notill 和 Soybean-min 上的 UA 最好；SC 算法在地物

Corn-notill、Woods 和 Bldg-Grass-Trees-Drives 上的 UA 最高；FSAQ-R 算法在地物 Corn、Oats 和 Stone-steel towers 上的 UA 最高。但是，FSAQ-K 算法在其他 5 类地物上都获得了最好的 UA。

从整体上看，FSAQ 算法的 AA、OA 和 Kappa 系数都好于其他对比算法，其中 AA 比其他算法高 7％～35％，OA 高 4.9％～17.4％，Kappa 系数高 6.8％～18.5％，充分说明了基于锚点图策略的 FSAQ 算法在高光谱图像聚类精度上具有很大的优势。比较两种不同选点方式的 FSAQ（FSAQ-R 和 FSAQ-K）算法可以看出，FSAQ-K 算法的聚类精度更高，证明了 K-means 选点法可以选出更具有代表性的锚点，有助于提高聚类精度。

2. 在中型数据集 Salinas 上的实验结果与分析（实验二）

为了验证 FSAQ 算法在较大规模数据集上的聚类性能，在 Salinas 数据集上进行实验。实验中设置参数 $\omega=9$，$\gamma=0.2$，选取 256 个锚点。不同算法的聚类定量评价如表 4.2 所示。

表 4.2　不同算法在 Salinas 数据集上聚类的定量评价

	算　法	K-means	FCM	FCM_S1	FSAQ-R	FSAQ-K
UA	Brocoli_weeds_1	0	**0.9970**	0.9826	0.9801	0.9691
	Brocoli_weeds_2	0.9235	0.3988	0.4353	0.8610	**0.9528**
	Fallow	**0.7586**	0	0	0.1776	0.7227
	Fallow_ rough	**0.9684**	0.9656	0.9555	0.8307	0.9821
	Fallow_ smooth	**0.9649**	0.9574	0.8215	0.9578	0.7524
	Stubble	0.8788	0.8287	0.9525	0.9518	**0.9616**
	Celery	0.9042	0.9410	0.5960	0.9860	**0.9902**
	Grapes_untrained	0.4245	0.4256	**0.7305**	0.4317	0.5716
	Soil	0.9882	**0.9924**	0.7553	0.8538	0.6834
	Corn	0.0012	0.0024	0.3200	0.5946	**0.6117**
	Lettuce_ 4wk	0.0356	0.0721	0	0	**0.1236**
	Leltuce_ 5wk	0.4717	0.9850	0.9523	**0.9938**	0.9673

算　法		K-means	FCM	FCM_S1	FSAQ-R	FSAQ-K
UA	Lettuce_6wk	0.9716	**0.9869**	0.9814	0.9847	0.9858
	Lettuce_7wk	0.8785	0.8879	0.8888	**0.8944**	0.8897
	Vinyard_ untrained	0.6340	0.5853	0.4608	0.4631	**0.6729**
	Vinyard_ trellis	0.4189	0.4322	**0.4588**	0.0802	0.0000
AA		0.6389	0.6537	0.6432	0.6901	**0.7398**
OA		0.6401	0.6258	0.6441	0.6640	**0.7221**
Kappa 系数		0.6019	0.5876	0.6039	0.6328	**0.6914**

从表 4.2 中可以看出，FSAQ-K 算法在 6 种地物上得到了最好的 UA，其他算法也在某些地物中取得了最好的 UA，但是整体来看，FSAQ-K 算法的 AA、OA 和 Kappa 系数分别达到了 0.7398、0.7221 和 0.6914，均高于其他算法，也就是说，FSAQ-K 算法拥有最好的综合聚类表现。

各算法在 Salinas 数据集上的聚类图如图 4.7 所示。可以看出，与其他算法相比，FSAQ-K 算法生成了更多同质区域，在多种地物上都比其他算法区分得更清晰，聚类图整体看起来跟标注过的真实地物图更为接近，符合表 4.2 中的定量分析。其他聚类算法和随机选点的 FSAQ 算法都未能将个别地物区分开来，而 FSAQ-K 算法成功将所有地物划分开来，这充分说明了 FSAQ 算法的优越性。

彩图 4.7

(a) 真实地物图　(b) K-means　(c) FCM　(d) FCM_S1　(e) FSAQ-R　(f) FSAQ-K

图 4.7　不同聚类算法在 Salinas 数据集上的聚类图

3. 在大型数据集 Pavia Centre 上的实验结果与分析(实验三)

在 Pavia Centre 数据集的实验中,参数设置为 $\omega=3$,$\gamma=0.1$,选取 512 个锚点,各算法聚类的定量结果如表 4.3 所示。

表 4.3　不同算法 Pavia Centre 数据集上聚类的定量评价

	算　法	K-means	FCM	FCM_S1	FSAQ-R	FSAQ-K
UA	Water	0.9936	0.9919	0.9907	0.9814	**0.9982**
	Trees	0.6490	**0.6649**	0.5555	0.5032	0.4135
	Asphalt	0.1748	0.0793	0.2942	0.0032	**0.7081**
	Self-Blocking Bricks	0.0369	**0.1121**	0.1240	0	0.0086
	Bitumen	0.3171	0.5319	0.5611	0.5878	**0.8180**
	Tiles	0.8914	0.2450	0.3696	0.8391	**0.9022**
	Shadows	0.1772	0.8076	**0.8777**	0.8313	0
	Meadows	0.5004	0.5325	0.5280	0.4789	**0.9551**
	Bare Soil	0.0010	0	0	**0.9990**	0.9738
	AA	0.4157	0.4406	0.4779	0.5804	**0.6420**
	OA	0.7032	0.7121	0.7218	0.7400	**0.8682**
	Kappa 系数	0.5917	0.6032	0.6170	0.6497	**0.8140**

从具体地物来看,FSAQ-K 算法在 5 类地物(总共 9 类地物)中都获得了最好的 UA;整体来看,FSAQ-K 算法的 AA 比 K-means 聚类、FCM 和 FCM_S1 算法高近 10%,OA 高 20% 以上,Kappa 系数高 30% 以上,这说明 FSAQ 算法比经典的聚类算法有了很大的改进。比较两种不同选点的 FSAQ 算法发现,FSAQ-K 算法的 AA、OA 和 Kappa 系数比 FSAQ-R 算法分别高出 10.6%、17.3% 和 25.3%。

　　不同算法的聚类结果如图 4.8 所示。可以看出，与其他算法相比，FSAQ
算法生成了更多同质区域和更好的聚类图，实验结果与表 4.3 中的定量分析
一致。

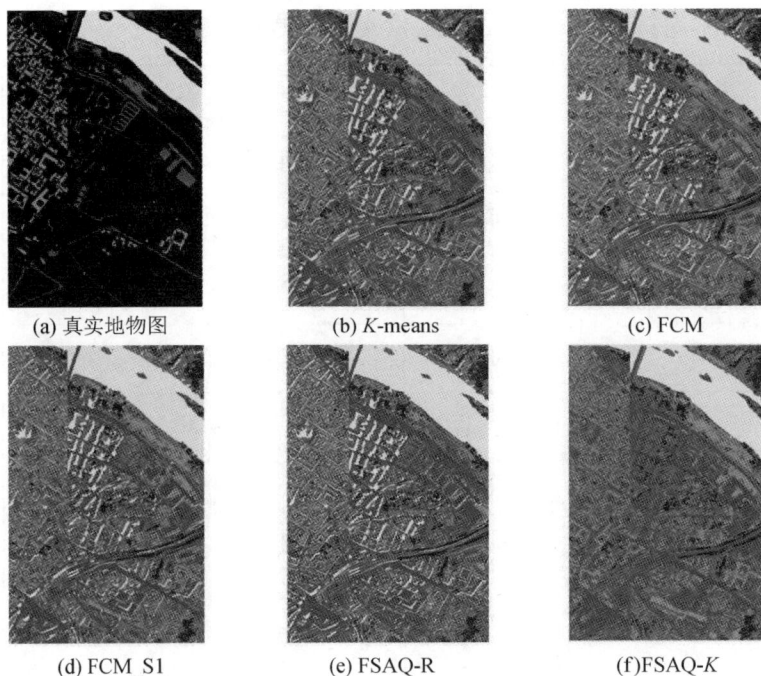

(a) 真实地物图　　　　　　　(b) *K*-means　　　　　　　(c) FCM

彩图 4.8

(d) FCM_S1　　　　　　　(e) FSAQ-R　　　　　　　(f)FSAQ-*K*

图 4.8　不同聚类算法在 Pavia Centre 数据集上的聚类图

　　高光谱图像数据复杂，并且存在"同物异谱"和"同谱异物"的情况，导致算
法在不同地物上的用户精度存在很大差异。表 4.2 中，*K*-means 聚类算法在
Brocoli weeds 类地物上的聚类效果较差，FCM 和 FCM_S1 算法在 Fallow 类
地物上的聚类效果较差，FCM_S1 和 FSAQ 算法在 Lettuce_4wk 类地物上的
聚类效果较差。综合表 4.1、表 4.2 和表 4.3 三个数据集上的实验结果发现，
本书所提出的 FSAQ 算法在整体评价指标 AA、OA 和 Kappa 系数中的表现都
优于其他对比算法，这表明 FSAQ 算法是一种稳健的聚类算法。

　　表 4.4 记录了各算法聚类的时间消耗。比较三种谱聚类算法（SC、FSAQ-R
和 FSAQ-*K*）的聚类时间发现：在 Indian Pines 数据集中，两种 FSAQ 算法分
别需要 2.9009 s 和 3.3021 s，远快于 SC，非常接近最快的 FCM 算法（运行时

间约为 2.6341 s）；在两个较大规模的数据集 Salinas 和 Pavia Centre 中，SC 由于内存不足问题而无法工作；FSAQ 算法在 Salinas 数据上的聚类时间比其他对比算法快了 2～3 倍，在 Pavia Centre 数据上快了 7～26 倍，这表明 FSAQ 算法非常擅长处理大规模数据的快速聚类。

表 4.4　不同算法在三个数据集的聚类时间　　　　单位：s

算法	K-means	FCM	FCM_S1	SC	FSAQ-R	FSAQ-K
Indian Pines	3.8180	**2.6341**	4.2999	32.8821	2.9009	3.3021
Salinas	16.0862	13.8198	23.7273	—	**5.7286**	10.9026
Pavia Centre	154.1043	45.5498	75.9006	—	**41.2789**	52.6974

针对谱聚类算法在处理大规模高光谱图像时，时间复杂度过高的问题，本章聚焦"实现大规模高光谱图像的快速谱聚类"这一目标，提出了一种基于优质单层锚点图的快速谱聚类算法，主要创新之处：

（1）构建基于锚点图的邻接矩阵，减少了参与聚类的样本量，极大地降低了算法的时间复杂度。

（2）在构建无核相似图时加入图像的空间信息约束，使算法的抗噪能力更强。

（3）采用 K-means 选点法选出具有代表性的锚点，提高聚类精度。

构建锚点图策略使 FSAQ 算法的时间复杂度从谱聚类算法的 $O[n^2(d+c)]$ 降至 $O[nd(\omega^2+m)]$。

为了研究算法涉及参数（锚点数 m、邻窗尺度 ω 和正则参数 γ）对聚类性能的影响，进行了实验分析，结果表明：随着锚点数的增多，聚类时间随之延长，聚类精度先升后降。在地物呈现块状分布的 Indian Pines 和 Salinas 数据集中，较大的 ω 可以获得更好的聚类结果；在地物分布比较零散的 Pavia center 数据集中，较小的 ω 可以获得更优的聚类结果。参数 γ 的值越小，算法的聚类精度越高。

比较了两种不同选点方式的 FSAQ 算法性能，证明了 K-means 选点法比随机选点可以选出更具有代表性的锚点，有助于提高聚类精度。再将 FSAQ 算法与经典的聚类算法（K-means 聚类、FCM、FCM_S1 和 SC）进行比较，FSAQ算法的定量分析指标均高于其他对比算法；在两个大规模高光谱图像数据上，SC 由于内存不足而无法运行，而 FSAQ 算法的聚类时间远快于其他对比算法，这说明了 FSAQ 算法非常适合大规模高光谱图像的快速聚类。

第 5 章

基于高效多层锚点图的快速谱聚类算法

  第 4 章研究了基于优质单层锚点图的快速谱聚类算法，实现了快速聚类的预期效果。实验发现，FSAQ 算法的聚类性能与锚点选取的数量和质量关系密切。如果生成锚点数量过多，无疑会增加算法的运行时间，不符合快速聚类的预期；如果生成的锚点数量过少，则会遗漏图像当中的重要信息，导致算法的聚类性能不佳。针对这一问题，本章将深入研究基于高效多层锚点图的快速谱聚类算法，旨在进一步提高快速谱聚类算法的效率和精度。

  为了去除图像中的冗余信息，在聚类之前，选取合理的方法对高光谱图像进行降维处理。然后，在基于锚点图方法的基础上，构建多层锚点图，逐层减少锚点数量，在保证数据点之间的关联特性的同时，减少数据量；在构建多层锚点图的过程中，采用更有效的选点方式快速获取具有代表性的锚点；构建好多层锚点图之后，使用无核策略实现自适应参数调优，形成无核相似图。最后，对无核相似图进行谱聚类分析。下文将提出的算法统一称为基于高效多层锚点图的快速谱聚类（Fast Spectral Clustering via Efficient Multilayer Anchor-graph，FEMA）算法。

5.1 FEMA 算法的描述

FEMA 算法的关键步骤为：① 为减少高光谱图像中的冗余信息，减少运算数据量，用超像素主成分分析（SuperPCA）降维算法对图像进行降维，有效减轻算法的计算负担；② 构建多层锚点图，可以更好地描述数据点和锚点之间的关系，并极大地降低算法的时间复杂度，提高其聚类精度和速度；③ 采用二叉树选点法快速选取具有代表性的锚点，进一步提高算法的聚类效率。

5.1.1 超像素主成分分析降维算法

对高光谱图像进行快速聚类之前，先对高光谱数据进行降维。本书 3.1 节提出了基于贪婪比值和的降维模型，取得了良好的降维效果，然而，该模型需要基于样本维度 d 进行特征分解，算法的时间复杂度为 $O(d^3)$；此外，该算法属于有监督降维算法，需要人工标注样本。为了实现快速谱聚类，迫切需要一个效率更高的降维算法。近年来，SuperPCA 降维算法引起了人们的广泛关注。首先，SuperPCA 降维算法为无监督降维算法，不需要人工标注样本。其次，SuperPCA 降维算法的时间复杂度根据目标维度 $\tilde{d}$ 进行变化，复杂度为 $O(\tilde{d}^3)$。因为 $\tilde{d} < d$，故 SuperPCA 降维算法的时间复杂度小于比值和降维算法。再者，SuperPCA 降维算法中的融合步骤采用多区域投票决策，结果具有一定的普适性和权威性。综上所述，本章采用 SuperPCA 降维算法对高光谱图像数据集进行降维处理。

SuperPCA 降维算法主要包括以下两个步骤：

（1）对初始高光谱图像数据进行熵率超像素分割；

（2）在分割后的子图上执行 PCA，并重新排列获得的低维数据矩阵。

　　基于图的分割方法已被广泛用于超像素分割。可以用点的集合 V 和边的集合 E 来描述一个无向加权图，表示为 $G(V,E)$，其中，V 为数据集里面所有的点 $(v_1, v_2, \cdots, v_n)$。V 中的任意两个点可使用"边"来连接，定义 $w_{ij} = w_{ji}$ 为点 v_i 和点 v_j 之间的权重。

　　文献[80]提出一种熵率超像素分割方法，可将高光谱图像切分为若干个子图。定义分割后边的子集为 $A \subseteq V$。熵率超像素的目标函数定义为

$$A^* = \underset{A}{\mathrm{argmax}}\, \mathrm{tr}[O(A) + \alpha B(A)] \tag{5.1}$$

其中，$O(A)$ 是熵率项，$B(A)$ 是平衡项，α 用来调节 $O(A)$ 和 $B(A)$ 的权重。本节根据文献[138]提出的一种有效的贪婪算法来解决式(5.1)的优化问题。

　　具体来说，SuperPCA 降维算法需要将高光谱数据从原始 d 维空间 $\boldsymbol{X} \in \mathbb{R}^{n \times d}$ 线性映射到 $\tilde{d}$ 维空间 $\boldsymbol{Y} \in \mathbb{R}^{n \times \tilde{d}}$，其中 $\tilde{d} < d$。为了保证通用性，可以定义如下：

$$\boldsymbol{y}_i = \boldsymbol{P}^{\mathrm{T}} \boldsymbol{x}_i \tag{5.2}$$

其中，矩阵 $\boldsymbol{P}$ 为转换矩阵。式(5.2)通过线性变换矩阵获得低维空间矩阵 $\boldsymbol{Y}$，那么矩阵 $\boldsymbol{P}$ 为

$$\boldsymbol{P}^* = \underset{\boldsymbol{P}^{\mathrm{T}}\boldsymbol{P} = I}{\mathrm{argmax}}\, \mathrm{tr}[\boldsymbol{P}^{\mathrm{T}} \mathrm{Cov}(\boldsymbol{X}) \boldsymbol{P}] \tag{5.3}$$

其中，$\mathrm{Cov}(\boldsymbol{X})$ 为高光谱数据矩阵 $\boldsymbol{X}$ 的协方差矩阵。通过式(5.3)可以对每个同质区域提取相同数量的主成分，然后将它们组合起来获得降维后的数据矩阵。特别是，通过这一步骤可以获得高光谱数据集的第一主成分 $\boldsymbol{I}_f$，从而获取了图像的主要信息，同时去除原始数据集中含有的冗余信息与噪声干扰，有助于进一步降低超像素分割的计算成本。$\boldsymbol{I}_f$ 可以通过下式计算：

$$\begin{cases} \boldsymbol{I}_f = \bigcup\limits_i^S h_i \\ \mathrm{s.t.}\, h_i \bigcap h_j = \varnothing\,(i \neq j) \end{cases} \tag{5.4}$$

其中，S 为超像素的数量，h_i 指第 i 个超像素。

　　当超像素太大时，需要对边界的超像素进一步细分；当超级像素太小时，计算同质区域的结果可能会变得不同，故本书采用多尺度分割方法。设第 k 级超像素的数目是 S_k，定义式为

$$S_k = (\sqrt{2})^k S_0 \tag{5.5}$$

其中，S_0 是基本超像素数，根据经验设定；$k = 0, \pm 1, \cdots$ 为超像素的近邻数。

最后，通过 PCA 计算降维空间中最大化数据方差的低维表示。

▶▶ 5.1.2 多层锚点图

受半监督学习中多层锚图的启发，本章构建了一个用于高光谱图像聚类的多层锚点图，主要包含两个关键步骤：

（1）构建层与层之间有效的邻接关系，使聚类算法能更有效地挖掘数据之间的内在信息，提升算法的聚类性能，同时还能降低算法时间复杂度。

（2）建立有效的正则化，使多层锚点图能够对不同数据集保持适应性学习。

为了构造多层锚点图，首先需要获得层与层之间的邻接关系。用 $G = \{\boldsymbol{X}, \boldsymbol{U}, \boldsymbol{\zeta}\}$ 表示多层锚点图，其中，$\boldsymbol{X}$ 是原始数据矩阵，$\boldsymbol{U}$ 是锚点矩阵，$\boldsymbol{\zeta}$ 是所有相邻层之间连接关系的集合。假设第一层（H_0）表示原始数据点 $\boldsymbol{X} \in \mathbb{R}^{n \times d}$，其余层（$H_a, a = 1, 2, \cdots, h$）则由各层的锚点矩阵 $\boldsymbol{U}$ 组成。随着锚点层数的增加，$\boldsymbol{U}_a$（$\boldsymbol{U}_a \in \mathbb{R}^{m_a \times d}, a = 1, 2, \cdots, h$）中包含的锚点数逐渐减少，即 $m_1 > m_2 > \cdots > m_h$，其中 m_a 是为 H_a 层中的锚点数。

图 5.1 为多层锚点图的结构示意图，可更清晰了解多层锚点图的构造。图中，$H_0 = 4000$ 为原始数据点层，H_1、H_2、H_3、H_4 为锚点层，其中，$m_0 =$

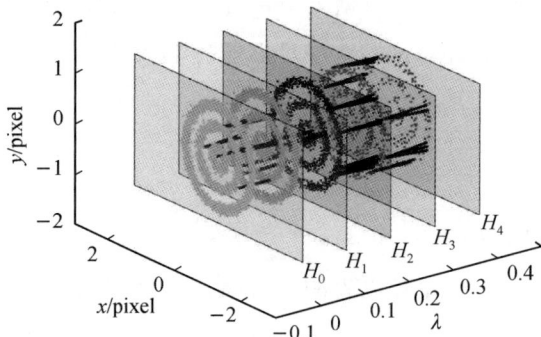

图 5.1 多层锚点图的结构

4000，$m_1=2000$，$m_2=1000$，$m_3=500$，$m_4=250$。为方便起见，图中仅显示了一小部分层与层之间的关系，它们表示原始数据点和锚点之间的权重。

下面研究数据点与锚点之间以及锚点图层与层之间的相似关系，从而建立有效的正则化并确保学习适应。

用 $\boldsymbol{Z}_H$ 表示原始数据层 H_0 和最后一层锚点层 H_h 之间的相似矩阵，$\boldsymbol{Z}_H$ 可以表示为

$$\boldsymbol{Z}_H=\boldsymbol{Z}_{0,1}\boldsymbol{Z}_{1,2}\cdots\boldsymbol{Z}_{h-1,h}\in\mathbb{R}^{n\times m_h} \tag{5.6}$$

通过式（5.6）可以得到

$$\boldsymbol{\zeta}=[\boldsymbol{Z}_{0,1},\boldsymbol{Z}_{1,2},\cdots,\boldsymbol{Z}_{h-1,h}]\in\mathbb{R}^{[n\times m_1\times m_2\times\cdots\times m_{h-1}\times m_h]} \tag{5.7}$$

假设 $\boldsymbol{F}_h$ 为 H_h 层的类指示矩阵，$\boldsymbol{F}_0$ 为 H_0 层中原始数据点的类指示矩阵，通过矩阵累加可以得到从 H_0 到 H_h，即从稠密到稀疏的类指示矩阵：

$$\boldsymbol{F}_0=\boldsymbol{Z}_{0,1}\boldsymbol{Z}_{1,2}\cdots\boldsymbol{Z}_{h-1,h}\boldsymbol{F}_h=\boldsymbol{Z}_H\boldsymbol{F}_h \tag{5.8}$$

通过式（5.8），可以获得相似矩阵 $\boldsymbol{Z}_H$，那么邻接矩阵 $\boldsymbol{W}$ 可以通过下式得到：

$$\boldsymbol{W}=\boldsymbol{Z}_H\boldsymbol{\Lambda}^{-1}\boldsymbol{Z}_H^{\mathrm{T}} \tag{5.9}$$

其中，$\boldsymbol{\Lambda}\in\mathbb{R}^{m_h\times m_h}$ 为度矩阵，其对角元素为相似矩阵 $\boldsymbol{Z}_H$ 的每一列之和，即

$$\boldsymbol{\Lambda}_{ij}=\sum_{i=1}^{n}(\boldsymbol{Z}_H)_{ij} \tag{5.10}$$

获得邻接矩阵 $\boldsymbol{W}$ 后，便可得到拉普拉斯矩阵 $\boldsymbol{L}$：

$$\boldsymbol{L}=\boldsymbol{D}-\boldsymbol{W}=\boldsymbol{D}-\boldsymbol{Z}_H\boldsymbol{\Lambda}^{-1}\boldsymbol{Z}_H^{\mathrm{T}} \tag{5.11}$$

5.1.3　二叉树算法

根据 4.2.2 节中介绍的两种锚点选取方式的原理和 4.2.3 节的实验结果可知，随机选点法速度很快，时间复杂度仅为 $O(1)$，但生成的锚点性能往往较差，会导致某些地物无法被区分出来；K-means 选点方法能够生成具有代表性的锚点，很好地表征整个数据集，但该方法的时间复杂度为 $O(ndmt)$，其中 t 为迭代次数，这意味着 K-means 选点法需要更多的时间才能生成锚点。

为了构建高效的多层锚点图，就需要更高效的选点方式，本节引入二叉树

(Balanced K-means based Hierarchical K-means，BKHK)算法，作为高光谱图像聚类的锚点选取策略，也称为二叉树选点法，可以在保证选取具有代表性锚点的同时，加快选点速度。与时间复杂度为 $O(ndmt)$ 的 K-means 选点方法相比，二叉树算法的时间复杂度有较大降低，仅为 $O(nd\log_m t)$。

具体来说，二叉树算法采用二叉树结构，不断地将数据用 K-means 聚类算法迭代分割成两个样本数相同的聚类。设 $\boldsymbol{X}=[\boldsymbol{x}_1，\boldsymbol{x}_2，\cdots，\boldsymbol{x}_n]^{\mathrm{T}}\in\mathbb{R}^{n\times d}$ 为原始数据，其中，n 为样本数量，d 为样本维度，$\boldsymbol{x}_i\in\mathbb{R}^{d\times 1}$ 为第 i 个数据点。采用二叉树算法从 n 个原始数据中选取 m 个锚点时，目标函数可以表示为

$$\min_{\boldsymbol{F}\in Ind，\mathbf{1}^{\mathrm{T}}\boldsymbol{F}=[\kappa，\iota]} \| \boldsymbol{X}-\boldsymbol{F}\boldsymbol{C}^{\mathrm{T}} \|_{\mathrm{F}}^2 \tag{5.12}$$

其中，$\boldsymbol{C}\in\mathbb{R}^{d\times 2}$ 为聚类中心矩阵，$\boldsymbol{F}\in\mathbb{R}^{n\times 2}$ 是由 0 和 1 组成的指示矩阵，$\mathbf{1}$ 表示全为 1 的列向量，$\boldsymbol{I}$ 为单位矩阵（列数为 2），κ 和 ι 是每次生成两个簇的样本数，$\|\cdot\|_{\mathrm{F}}$ 表示 F 范数。

由于二叉树算法每次仅将样本点划分为两类，如果第 i 个样本属于第一个簇，则 f_{i1} 等于 1；否则 f_{i2} 等于 1。算法生成的两类样本数相等，且 $\kappa+\iota=n$，因此当样本数 n 为偶数时，$\kappa=n/2$；当样本数 n 为奇数时，$\kappa=(n-1)/2$。

直接对式（5.12）进行求解比较困难，需要将公式转换为向量形式进行求解：

$$\min_{\boldsymbol{F}\in Ind，\mathbf{1}^{\mathrm{T}}\boldsymbol{F}=[\kappa，\iota]} \sum_{i=1}^n\sum_{k=1}^2 \| \boldsymbol{x}_i-\boldsymbol{c}_k \|_2^2 f_{ik} \tag{5.13}$$

其中 $\|\cdot\|_2$ 表示二范数，$\boldsymbol{c}_k$ 为矩阵 $\boldsymbol{C}$ 的第 k 列向量，f_{ik} 为矩阵 $\boldsymbol{F}$ 的第 i 行第 k 列的元素。假设矩阵 $\boldsymbol{E}\in\mathbb{R}^{n\times 2}$，矩阵 $\boldsymbol{E}$ 的第 i 行第 j 列表示为 $e_{ij}=\| \boldsymbol{x}_i-\boldsymbol{c}_k \|_2^2$。为了进一步求解，将式（5.13）转换为矩阵表达：

$$\min_{\boldsymbol{F}\in Ind，\mathbf{1}^{\mathrm{T}}\boldsymbol{F}=[\kappa，\iota]} \mathrm{tr}(\boldsymbol{E}^{\mathrm{T}}\boldsymbol{F}) \tag{5.14}$$

假设 $\boldsymbol{f}$ 向量为矩阵 $\boldsymbol{F}$ 的第一列，因为矩阵 $\boldsymbol{F}$ 是由 0 和 1 组成的指示矩阵，所以矩阵 $\boldsymbol{F}$ 的第二列可以表示为 $\mathbf{1}-\boldsymbol{f}$。根据假设，矩阵 $\boldsymbol{F}$ 可表示为 $\boldsymbol{F}=[\boldsymbol{f}，\mathbf{1}-\boldsymbol{f}]$，可将式（5.14）进一步化简为

$$\min_{\boldsymbol{F}\in Ind，\mathbf{1}^{\mathrm{T}}\boldsymbol{F}=[\kappa，\iota]} \boldsymbol{f}^{\mathrm{T}}\boldsymbol{e}_1+(\mathbf{1}-\boldsymbol{f})^{\mathrm{T}}\boldsymbol{e}_2 \tag{5.15}$$

其中，向量 e_1 表示矩阵 E 的第一列，向量 e_2 表示矩阵 E 的第二列。对式 (5.15) 的第二项进行拆分，与第一项合并为

$$\min_{f=\{0, 1\}, \mathbf{1}^{\mathrm{T}}f=\kappa} f^{\mathrm{T}}(e_1 - e_2) \tag{5.16}$$

当 $f_i = 1$ 时，式 (5.16) 的解为向量 $e_1 - e_2$ 第 i 个元素的前 κ 个最小值，即将向量 $e_1 - e_2$ 的元素按照从小到大排序，取前 κ 个元素为 1。

最后，对矩阵 C 进行 K-means 聚类获得两个子聚类中心，即锚点。二叉树算法的时间复杂度为 $O[nd\log(m)]$，生成的锚点矩阵为 $U = [u_1, u_2, \cdots, u_m]^{\mathrm{T}} \in \mathbb{R}^{m \times d}$。

图 5.2 展示了二叉树算法选点的示意图。图中最左侧为原始数据点，包含两个类别的数据。三角形和圆形表示不同类别，两种不同颜色的三角形和圆形表示同一类别的数据含有两种不同的特性，五角星表示聚类中心。

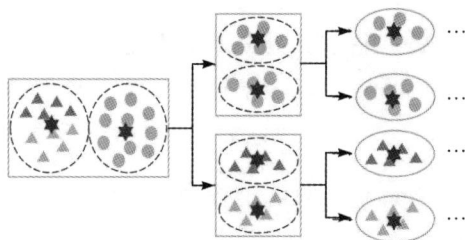

图 5.2　二叉树选取锚点的示意图

二叉树算法选点每次都通过一种平衡的 K-means 聚类算法将数据点划分为两类，随着迭代次数的增加，生成的锚点数与迭代次数呈幂次方关系，这大大提高了生成锚点的速度。

二叉树算法选点的主要步骤如下：

输入：高光谱数据集 $X \in \mathbb{R}^{n \times d}$，锚点数 m。

步骤 1：初始化簇中心矩阵 C。

步骤 2：通过求解式 (5.16) 得到指示向量 f。

步骤 3：得到指示矩阵 $F = [f, 1 - f]$。

步骤 4：计算两个子聚类中心。

步骤 5：对获得的两个子簇分层执行 K-means 聚类。

步骤 6：通过计算所有子簇的中心来获得锚点矩阵 U。

输出：锚点矩阵 U。

5.1.4　算法流程

基于高效多层锚点图的快速谱聚类算法的详细步骤如下：

输入：高光谱数据矩阵 $X \in \mathbb{R}^{n \times d}$，超像素的个数 s，超像素的维数 $\tilde{d}$，近邻数 k，各层锚点数 $m_1, m_2, \cdots, m_h$。

步骤 1：通过 SuperPCA 降维算法，获得原始数据矩阵 X 的低维表示矩阵 Y。

步骤 2：通过二叉树选点法选取 m_i，$i = 1, 2, \cdots, h$ 个锚点。

步骤 3：通过式(5.8)获得原始数据层与最后一层锚点层之间的相似矩阵 Z_H。

步骤 4：通过式(5.9)获得邻接矩阵 W，进而获得拉普拉斯矩阵 L。

步骤 5：对拉普拉斯矩阵 L 进行奇异值分解，获得类别指示矩阵 F 的连续解。

步骤 6：通过 K-means 聚类算法进行聚类分析。

输出：图像数据的类别 c。

5.1.5　时间复杂度分析

假设数据矩阵为 $X \in \mathbb{R}^{n \times d}$，从 X 中生成 $m_1, m_2, \cdots, m_h$ 个锚点。FEMA 算法的时间复杂度可总结如下：

(1) 通过 SuperPCA 降维算法和空谱信息融合法生成低维特征的时间复杂度为 $O(n\tilde{d}^2 + \tilde{d}^3 + ns\tilde{d}^2 + s\tilde{d}^2)$，其中 s 和 $\tilde{d}$ 分别是像素的数量和降维后的维度。

(2) 通过二叉树算法从 H_1 到 H_h 层获得 m 个锚点的时间复杂度为 $O(h)$。

(3) 获得不同锚点层之间的相似矩阵（$Z_{0,1}$ 到 $Z_{h-1,h}$）的时间复杂度为 $O(\sum_{i=1}^{h} dm_{i-1}m_i)$，由于 $n \gg m_1 \gg \cdots \gg m_h$，时间复杂度约为 $O[n\tilde{d}\log(m_1)t_1]$，

其中，t_1 为二叉树算法的迭代次数。

（4）求解原始数据层和最后一层锚点层之间的相似矩阵 $\mathbf{Z}_H$ 时间复杂度为

$O(\sum\limits_{i=1}^{h} m_{h-2}m_{h-1}m_h)$。因为 $n \gg m_1 \gg \cdots \gg m_h$，时间复杂度约为 $O[n\tilde{d}\log(m_h)t_2]$，

其中，t_2 为二叉树算法的迭代次数。

（5）通过对拉普拉斯矩阵 $\mathbf{L}$ 进行奇异值分解，得到 $\mathbf{F}$ 的松弛连续解的时间复杂度为 $O(nm_h c)$。

（6）对松弛离散解进行 K-means 聚类，以获得最终结果的时间复杂度为 $O(nm_h c t_3)$，其中 t_3 是迭代次数。

综上所述，FEMA 算法的时间复杂度可以近似为 $O(n\tilde{d}^2 + ns\tilde{d}^2 + nm_h c + nm_h c t_3)$。

5.2　实验结果与分析

本节验证 FEMA 算法在高光谱图像上的实际聚类性能，实验分成小型数据集 Indian Pines、中型数据集 Salinas 和大型数据集 Pavia Centre 三组进行。

为了验证不同锚点选取方法的优劣，FEMA 算法分别结合随机选点法、K-means 选点和二叉树选点三种不同的策略，为了便于区分，将这三种算法分别记为 FEMA-R、FEMA-K 和 FEMA-B。

将这三种 FEMA 算法与传统 SC 算法和几种基于锚点图的改进谱聚类算法进行比较。参与对比的算法有 LSC 算法（LSC 分别结合随机选点和 K-means 选点的两种方法，记为 LSC-R 和 LSC-K）、U-SPEC 算法和 SGCNR 算法。

FEMA 算法包含多层锚点图，需要记录每一层的锚点数目，以便于区分和验证不同锚点数、不同层数对算法聚类性能的影响。如：F-1024 是指 FEMA 算法由一层锚点图构成，包含了 1024 个锚点；F-512-256 是指 FEMA 算法由

两层锚点图构成，分别包含 512 和 256 个锚点，以此类推。

▶▶ 5.2.1 算法参数分析

1. 算法对不同锚点(层)数的敏感性分析

FEMA 算法通过构建单层或多层锚点图进行聚类，不同锚点数和不同锚点图层数 FEMA 算法的聚类结果分别如表 5.1、表 5.2 和表 5.3 所示。

表 5.1 不同锚点(层)数的 FEMA 算法在 Indian Pines 上聚类的定量评价

算法	F-64	F-128	F-256	F-512	F-128-64	F-256-128	F-256-128-64	F-512-256-128
AA	0.3861	0.4372	0.4667	0.4857	0.4474	0.5015	0.5154	**0.5327**
OA	0.5241	0.5449	0.4816	0.5430	0.5395	0.5512	0.5721	**0.6237**
Kappa 系数	0.4610	0.4847	0.4329	0.4843	0.4823	0.5086	0.5215	**0.5801**
时间/s	**0.6**	0.8	1.1	1.9	0.8	1.5	2.1	3.0

表 5.2 不同锚点(层)数的 FEMA 算法在 Salinas 上聚类的定量评价

算法	F-64	F-128	F-256	F-512	F-128-64	F-256-128	F-256-128-64	F-512-256-128
AA	0.6030	0.6246	0.6472	0.6713	0.6519	0.6831	0.6985	**0.7312**
OA	0.7236	0.7417	0.7558	0.7512	0.7960	0.8253	0.8222	**0.8256**
Kappa 系数	0.6871	0.7082	0.7253	0.7224	0.7722	0.8052	0.8008	**0.8049**
时间/s	**2.6**	4.1	7.2	10.5	6.8	9.1	10.7	12.1

表 5.3 不同锚点(层)数的 FEMA 算法在 Pavia Centre 上聚类的定量评价

算法	F-128	F-256	F-512	F-1024	F-256-128	F-512-256	F-512-256-128	F-1024-512-256
AA	0.5553	0.5803	0.6130	0.6454	0.6127	0.6552	0.6586	**0.6689**
OA	0.7322	0.7322	0.7485	0.7577	0.7440	0.7663	0.7679	**0.7756**
Kappa 系数	0.6341	0.6354	0.6517	0.6758	0.6523	0.6802	0.6941	**0.7012**
时间/s	**23.8**	33.7	42.5	52.7	36.5	48.5	55.7	63.7

从表 5.1 可以看出，随着锚点数的增多，构建了单层锚点图的 FEMA 算法的聚类精度逐渐升高，而聚类时间也呈线性上升趋势，这验证了前面分析的锚点数目越多，聚类精度越高，而聚类时间越长的结论。以 F-256-128-64 和 F-512-256-128 算法为例，也可以看出，随着锚点数目的增多，FEMA 算法的聚类精度逐渐升高（AA、OA 和 Kappa 系数分别提高了 3.4%、9.0% 和 11.2%），而聚类时间变长（从 2.1 s 延长到 3.0 s）。

从表 5.1 中可以看出，在选取同样锚点数的前提下，构建了两层锚点图的 FEMA 算法比只构建单层锚点图时的聚类精度有显著提升，聚类时间略有所增加。例如，表中 FEMA-256-128 算法比 FEMA-256 算法的 AA、OA 和 Kappa 系数分别提高了 7.5%、14.5% 和 17.5%，聚类时间从 1.1 s 增加到 1.5 s。构建了三层锚点图的 FEMA 算法比构建两层锚点图的聚类精度又得到了提升。以 F-256-128-64 和 F-256-128 算法为例，AA、OA 和 Kappa 系数分别提高了 2.8%、3.8% 和 2.5%，聚类时间从 1.5 s 延长到 2.1 s。

继续分析锚点数不同的情况，例如，两层锚点图的 F-256-128 算法与单层锚点数更多的 F-256 算法相比，聚类精度仍高于后者，AA、OA 和 Kappa 系数分别提高了 3.3%、1.5% 和 5%，而聚类时间从 1.9 s 缩短到 1.5 s，充分证明本章构建的多层锚点图有助于同时提高谱聚类的聚类精度和聚类速度，是一种高效的多层锚点图。

从表 5.2 和表 5.3 可以看出，在两个较大规模的数据集上得出了与小型数据集 Indian Pines 实验中相同的结论：在锚点层数相同的情况下，随着锚点数的增加，FEMA 算法的聚类精度得到了提升，聚类速度略有减慢。当首层锚点图的锚点数相同时，用 FEMA 算法构建多层锚点图比单层锚点图的聚类精度更高，聚类时间有所延长。总体来说，本书提出的 FEMA 算法聚类优势显著。

面对不同的数据集，FEMA 算法构建锚点图的层数和锚点数需要根据实际应用需求而定。锚点层数的选择是算法的时间复杂度与聚类精度平衡的结果。如果对聚类精度要求很高，对聚类速度需求不高，可以构建层数较多、锚点数较多的多层锚点图；如果想实现快速聚类而对精度要求不是特别高，可以构建层数较少、锚点数较少的单层锚点图；也可以在聚类精度和速度上折中选择。总之，构建了高效多层锚点图的 FEMA 算法可以适用不同需求的应用场景。

2. SuperPCA 降维算法的参数敏感性分析

SuperPCA 降维算法中两个参数（超像素的个数 s 和超像素的维度 $\tilde{d}$）在三个高光谱数据集上的敏感性实验结果如图 5.3 所示。

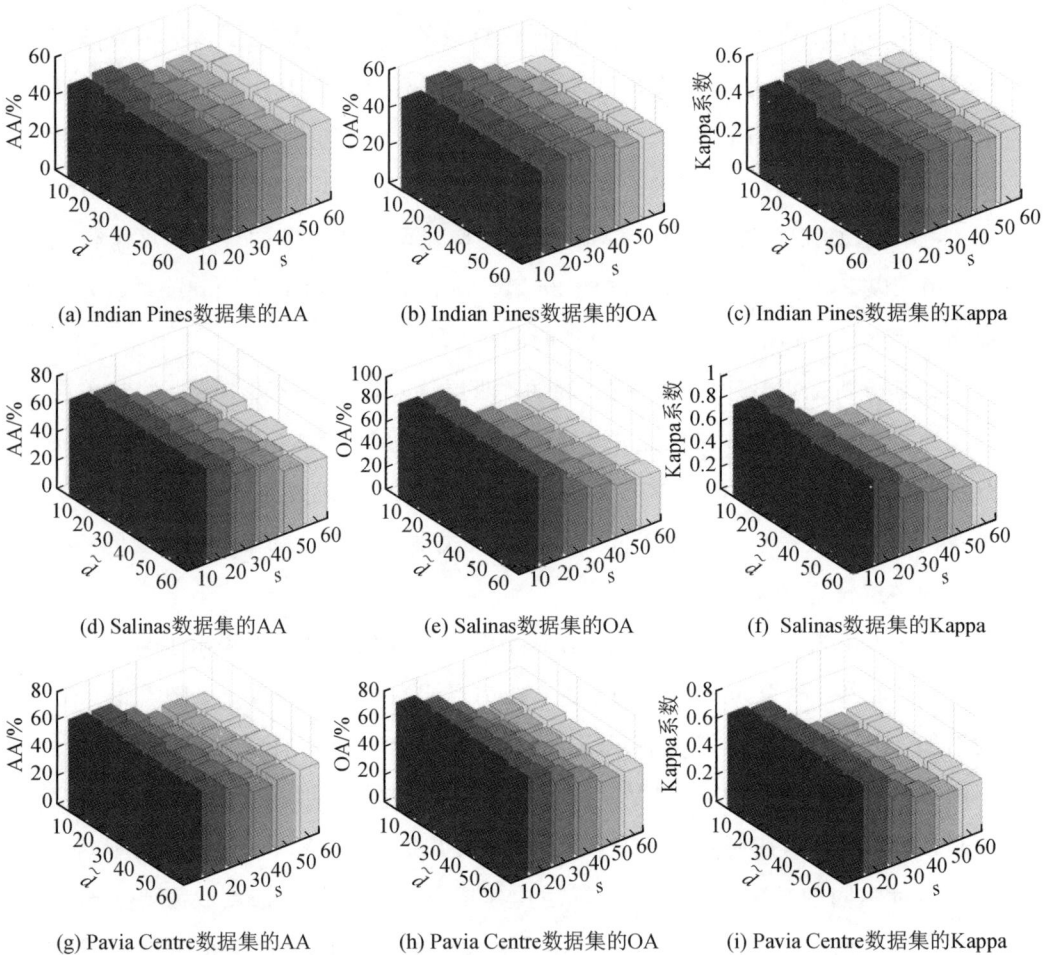

(a) Indian Pines数据集的AA (b) Indian Pines数据集的OA (c) Indian Pines数据集的Kappa

(d) Salinas数据集的AA (e) Salinas数据集的OA (f) Salinas数据集的Kappa

(g) Pavia Centre数据集的AA (h) Pavia Centre数据集的OA (i) Pavia Centre数据集的Kappa

图 5.3 SuperPCA 降维算法的参数分析

从 Indian Pines 数据集的实验结果图 5.3(a)～图 5.3(c)可以看出，SuperPCA 降维算法的聚类性能主要取决于超像素的个数 s，超像素的维度 $\tilde{d}$

对 FEMA 算法的聚类性能影响不大。当 $s = 20$ 时，FEMA 算法的 OA 和 Kappa 系数都最高。为提高 FEMA 算法的聚类精度，在 Indian Pines 数据集进行聚类实验时选择超像素个数 $s = 20$；为提高聚类效率，加快算法运行速度，取 $\tilde{d} = 10$。

从图 5.3(d)～图 5.3(f) 可以看出，在 Salinas 数据集上进行聚类分析时，参数 $\tilde{d}$ 对 FEMA 算法的聚类性能依然影响不大；超像素个数 s 越小，FEMA 算法的 AA、OA 和 Kappa 系数都越好，这意味着聚类精度越高。当 $s = 10$ 时，FEMA 算法呈现出最佳的聚类效果。

从图 5.3(g)～图 5.3(i) 可以看出，在 Pavia Centre 数据集上进行聚类分析时，FEMA 算法在很宽的取值范围内对 $\tilde{d}$ 都很不敏感；超像素个数 s 越小，FEMA 算法的 AA、OA 和 Kappa 系数都越好。

根据实验结果和分析可以得出：参数 $\tilde{d}$ 对 FEMA 算法的聚类性能影响不大，而参数 s 取较小的值时 FEMA 算法在迭代中可获得更好的聚类效果。这为后续聚类分析打下了基础。

3. 近邻数敏感性分析

对 FEMA 算法中近邻数 k 进行敏感性分析时，将参数 k 从 2 到 20 进行调节，FEMA 算法的聚类精度（AA 和 OA）变化如图 5.4 所示。

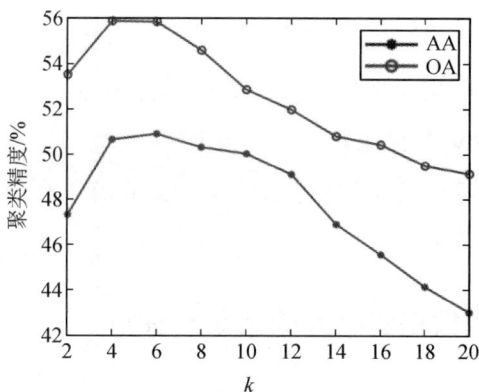

(a) Indian Pines数据集

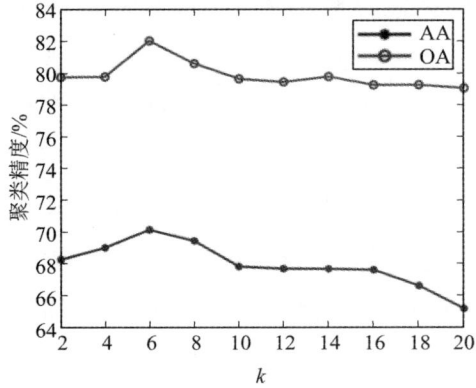

(b) Salinas数据集

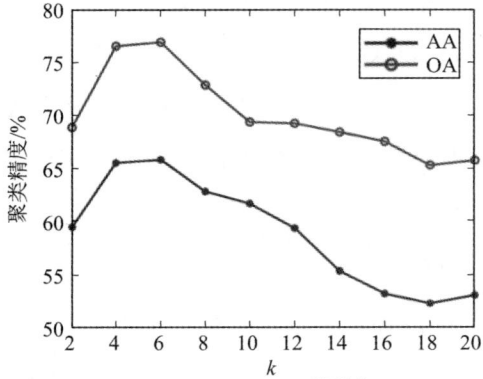

(c) Pavia Centre数据集

图 5.4　近邻数 k 的敏感性分析

　　整体来看，算法的聚类精度随近邻数的增加而变差；在 $k<10$ 的范围内，聚类结果在三个数据集上都比较合理。当 $k=5$ 时，FEMA 算法的 AA 和 OA 都最好，这说明此时算法的聚类精度最好，因此在这三个数据集中，$k=5$ 是个较好的取值。

5.2.2　小型数据集的实验结果与分析

　　首先在小型数据集 Indian Pines 上进行聚类实验，用 FEMA 算法构建两层锚点图，分别含有 256 和 128 个锚点，记为 FEMA-256-128。LSC-R、 LSC-K、 U-SPEC 和 SGCNR 算法的锚点数均为 128 个。根据上述章节中的参数分析，将 FEMA 算法的参数设定为：近邻数 $k=5$，超像素个数 $s=20$，降维后的维度 $\tilde{d}=10$。聚类结果定量评价见表 5.4，聚类效果如图 5.5 所示。

表 5.4　不同算法在 Indian Pines 数据集上聚类的定量评价

	算　法	SC	LSC-R	LSC-*K*	U-SPEC	SGCNR	FEMA-R	FEMA-*K*	FEMA-B
UA	Alfalfa	0	0	0	**0.1087**	0	0	0	0
	Corn-notill	0.4405	0.2675	0.2514	0.3200	0.3025	**0.6317**	0.4377	0.4377
	Corn-mintill	0.3313	0.2145	0.3060	**0.3398**	0.3133	0.3193	0.3193	0.3193
	Corn	0.1224	0.1477	0.2574	0.1730	0.2743	0.2278	**0.7595**	**0.7595**
	Grass-pasture	0.2464	0.4990	0.3582	0.4948	0.5010	**0.6584**	0.1201	**0.6584**
	Grass-trees	0.3041	0.4795	0.4452	0.3452	0.5370	**0.6027**	**0.6027**	0.3973
	Grass-pasture-mowed	0	**0.9286**	0	0.3214	0	0	0	0.0357
	Hay-windrowed	0.8201	0.1883	0.9247	0.9372	0.9937	0	1	1
	Oats	0	0	**0.5500**	0.4500	0	0	0	0
	Soybean-notill	0.2387	0.2418	0.2984	0.3025	0.2706	**0.8200**	**0.8200**	**0.8200**
	Soybean-mintill	0.2452	0.2880	0.2998	0.3088	0.3128	**0.4399**	**0.4399**	**0.4399**
	Soybean-clean	0.1686	0.2715	0.2142	0.2243	0.1669	0.6459	0.6459	**0.9629**
	Wheat	0.9610	0.9610	0.9756	0.9610	0.9659	0	**0.9951**	**0.9951**
	Woods	**0.5565**	0.4040	0.3494	0.3486	0.2909	0.4292	0.4292	0.4292
	Buildings-Grass-Trees-Drives	0.1969	0.1606	0.1969	0.1865	0.2280	**0.7694**	**0.7694**	**0.7694**
	Stone-Steel-Towers	0.5914	0.3118	0.5269	0	**0.7742**	0	0	0
	AA	0.3264	0.3352	0.3721	0.3639	0.3707	0.3465	0.4587	**0.5015**
	OA	0.3544	0.3126	0.3459	0.3549	0.3632	0.4956	0.5220	**0.5512**
	Kappa 系数	0.2969	0.2549	0.2872	0.2907	0.3009	0.4427	0.4762	**0.5086**
	时间/s	38.0	1.4	2.3	**0.8**	10.1	1.0	3.7	1.5

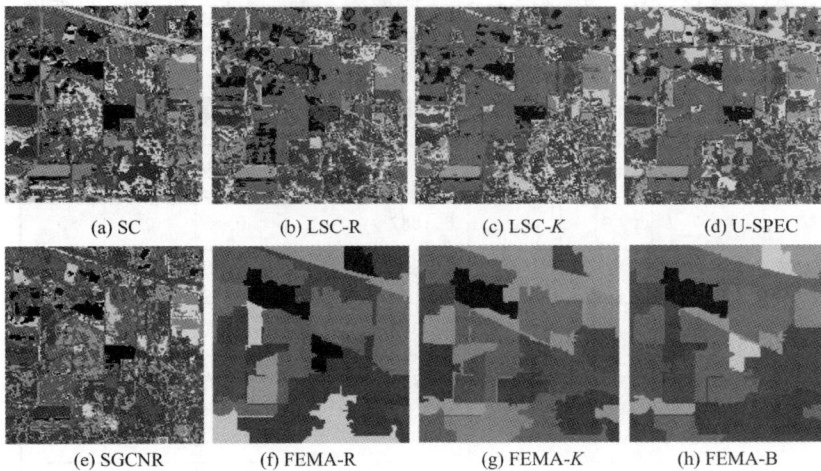

(a) SC　　　　(b) LSC-R　　　　(c) LSC-K　　　　(d) U-SPEC

(e) SGCNR　　　(f) FEMA-R　　　(g) FEMA-K　　　(h) FEMA-B

彩图 5.5

图 5.5　不同算法在 Indian Pines 数据集上的聚类图

从图 5.5 可以看出,三种 FEMA 算法的聚类图明显比其他对比算法产生了更多的同质区域,噪声点、错分点更少,各地物之间的划分更清晰,与真实地物图更为接近,其中 FEMA-B 算法的区域边界最为分明,聚类效果最好。

从表 5.4 的定量评价可以看出,与传统 SC 算法相比,四种基于锚点图的聚类算法(LSC-K、U-SPEC、SGCNR 和 FEMA 算法)均获得了更优的聚类性能,充分说明了基于锚点图策略的优越性。分析 LSC 的两种算法,LSC-R 算法的聚类结果较差,出现了大量分类错误的现象,OA 和 Kappa 系数是所有聚类算法中最差的,分别为 0.3126 和 0.2549。与 LSC-R 算法相比,LSC-K 算法错分现象较少,聚类精度显著提升,AA、OA 和 Kappa 系数分别提高了 11%、10.7% 和 12.7%,再次证明 K-means 选点法优于随机选点法。

继续分析表 5.4 中随机选点的 FEMA-R、K-means 选点的 FEMA-K 和二叉树选点的 FEMA-B 算法的聚类结果,可以看出,FEMA-B 算法在 AA、OA 和 Kappa 系数上都获得了最好的聚类性能,其中,AA 为 0.5015,比 FEMA-R 和 FEMA-K 算法分别高出 17.51% 和 4.28%;OA 为 0.5512,比 FEMA-R 和 FEMA-K 算法分别高出 23.86% 和 2.92%;Kappa 系数为 0.5086,比 FEMA-R 和 FEMA-K 算法分别高出 25.37% 和 3.24%。特别是在 8 种地物(Corn、Grass-pasture、Hay-windrowed、Soybean-notill、Soybean-mintill、Soybean-

clean、Wheat 和 Buildings-Grass-Trees-Drives)上，FEMA-B 均获得了最高的
UA，充分说明了基于二叉树选点的高效多层锚点图快速谱聚类算法 FEMA-B
在聚类精度上的优越性。

　　此外，传统谱聚类算法的聚类时间比其他对比算法高一个数量级，说明
SC 可以用来处理小规模高光谱数据集，但是运行时间较长。三种 FEMA 算法
的聚类速度都较快，其中，基于随机选点法的速度最快，K-means 选点法的速
度最慢，二叉树选点法的速度居中。

5.2.3　中型数据集的实验结果与分析

　　在中型数据集 Salinas 上构建一个三层锚点图，在 FEMA-B 算法中逐层选
取 256、128 和 64 个锚点，记为 FEMA-256-128-64。另外，FEMA-B 算法的参
数设置为：近邻数 $k=5$，超像素数 $s=10$，降维后的维度 $\tilde{d}=10$。

　　在实验过程中将 LSC-R、LSC-K、U-SPEC 和 SGCNR 算法的锚点数均设
置为 256，与三层 FEMA-B 的第一层锚点数相同。几种聚类算法得到的定量评
价如表 5.5 所示，聚类图如图 5.6 所示。SC 算法由于内存不足错误而无法处
理，说明 SC 算法不擅长处理规模较大的数据集。

表 5.5　不同算法在 Salinas 数据集上聚类的定量评价

	算 法	LSC-R	LSC-K	U-SPEC	SGCNR	FEMA-R	FEMA-K	FEMA-B
UA	Brocoli_weeds_1	0	0.9970	0.9836	0.9841	**1**	**1**	**1**
	Brocoli_weeds_2	0.6559	0.4077	0.5432	0.8151	**0.9992**	0.9984	0.9954
	Fallow	**0.4438**	0.2576	0.2348	0.2065	0	0	0
	Fallow_ rough	0.9971	0.9878	**0.9986**	0.9692	0.9928	0.9978	0.9957
	Fallow_ smooth	0.9093	0.8887	0.9287	0.6550	0.9870	0.9836	**0.9877**
	Stubble	0.9664	0.9881	0.9773	0.9374	0.9730	0.9957	**0.9967**
	Celery	0.5320	0.9930	0.9939	0.9941	**0.9992**	**0.9992**	**0.9992**

续表

	算 法	LSC-R	LSC-K	U-SPEC	SGCNR	FEMA-R	FEMA-K	FEMA-B
UA	Grapes_untrained	0.4362	0.4392	0.5799	0.5913	0.4563	**0.8660**	0.8658
	Soil	0.8027	0.6679	0.8459	0.8747	**0.9995**	0.9994	**0.9995**
	Corn	0.5863	0.6022	0.0982	**0.6367**	0.0107	0.0070	0.2138
	Lettuce_4wk	0.7360	**0.8174**	0.2360	0.6676	0	0	0
	Leltuce_5wk	0.1370	0.4447	0.9190	0.6347	0	**1**	**1**
	Lettuce_6wk	0.9803	0.9913	0.9749	**0.9945**	0	0	0
	Lettuce_7wk	0.8748	0	**0.9215**	0	0	0	0
	Vinyard_ untrained	0.4223	0.3800	0.6026	0.6004	0.8565	**0.9935**	0.9930
	Vinyard_ trellis	0.1865	0.1787	0	0.0017	**0.9884**	0.96.29	0.8832
AA		0.6041	0.6276	0.6774	0.6602	0.5789	0.6752	**0.6831**
OA		0.5724	0.5920	0.6680	0.6870	0.6757	0.8155	**0.8253**
Kappa 系数		0.5326	0.5553	0.6306	0.6528	0.6454	0.7943	**0.8052**
时间/s		**3.6**	5.3	4.7	60.3	5.4	39.3	9.1

　(a) SC　　　　　(b) LSC-R　　　(c) LSC-K　　　(d) U-SPEC

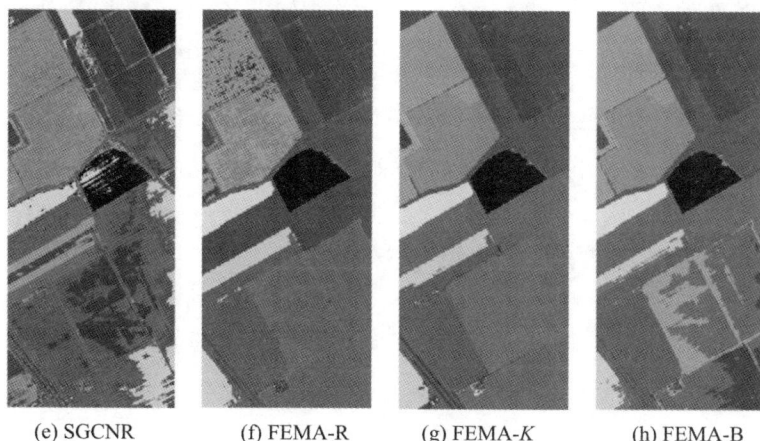

彩图 5.6

(e) SGCNR　　　　(f) FEMA-R　　　(g) FEMA-*K*　　　(h) FEMA-B

图 5.6　不同算法在 Salinas 数据集上的聚类图

　　表 5.5 显示，FEMA-B 算法在 8 种地物(Brocoli weeds_1、Brocoli weeds_2、Fallow rough、Stubble、Celery、Soil、Lettuce_5wk 和 Vinyard untrained)上的 UA 超过 0.9900，聚类精度的整体评价指标均高于其他算法，其中，AA 为 0.6831，OA 达到 0.8253，Kappa 系数达到了 0.8052。FEMA-*K* 算法的 OA 为 0.8155，Kappa 系数为 0.7943，聚类精度仅次于 FEMA-B 算法。说明 FEMA 算法很擅长处理较大规模的高光谱图像，FEMA-B 算法的三个定量评价指标比其他比对算法分别高出 0.79%～7.9%、0.98%～25.23% 和 1.09%～27.26%。

　　从不同锚点选取方式的角度分析，在 Salinas 数据集的聚类结果中，FEMA-*K* 算法的聚类精度最好，FEMA-B 算法次之，二者均好于 FEMA-R 算法，这充分说明二叉树选点法比其他两种选点方式更能选取具有代表性的锚点，而且选点速度也远快于 *K*-means 选点。从表 5.5 还可以看出，SGCNR 和 FEMA-*K* 算法的速度最慢，分别需要 60.3 s 和 39.3 s，LSC-R、LSC-*K*、U-SPEC、FEMA-R 和 FEMA-B 算法的运行时间在同一个数量级，其中 FEMA-B 算法仅需 9.1 s，比 SGCNR 和 FEMA-*K* 算法分别快 6 倍和 4 倍。三种 FEMA 算法中，二叉树选点法比随机选点法的用时略长，但比 *K*-means 选点法的速度快 3.3 倍，这充分说明了二叉树选点策略的优越性。

从图 5.6 可以看到，FEMA-B 算法在 6 种地物（Brocoli weeds_1、Fallow smooth、Stubble、Soil、Celery 和 Lettuce_5wk）上的划分最清晰准确，与表 5.5 中的定量评价结果一致。整体来看，FEMA-B 算法的聚类结果与真实地物图更接近，比其他对比算法产生了更多的同质区域和更清晰的划分效果。

5.2.4 大型数据集的实验结果与分析

用 FEMA 算法构建了一个两层锚点图在 Pavia Centre 数据集上进行聚类实验，两层分别选取 512 和 256 个锚点，记为 FEMA-512-256。实验中 FEMA 算法参数设置为：近邻数 $k=5$，超像素数 $s=10$，降维后的维度 $\tilde{d}=10$。实验中将 LSC-R、LSC-K、U-SPEC 和 SGCNR 算法的锚点数设为 256。各算法在 Pavia Centre 数据集上聚类的效果图如图 5.7 所示，聚类结果的定量评价见表 5.6。SC 算法由于 OM 无法在 Pavia Centre 数据集上工作。

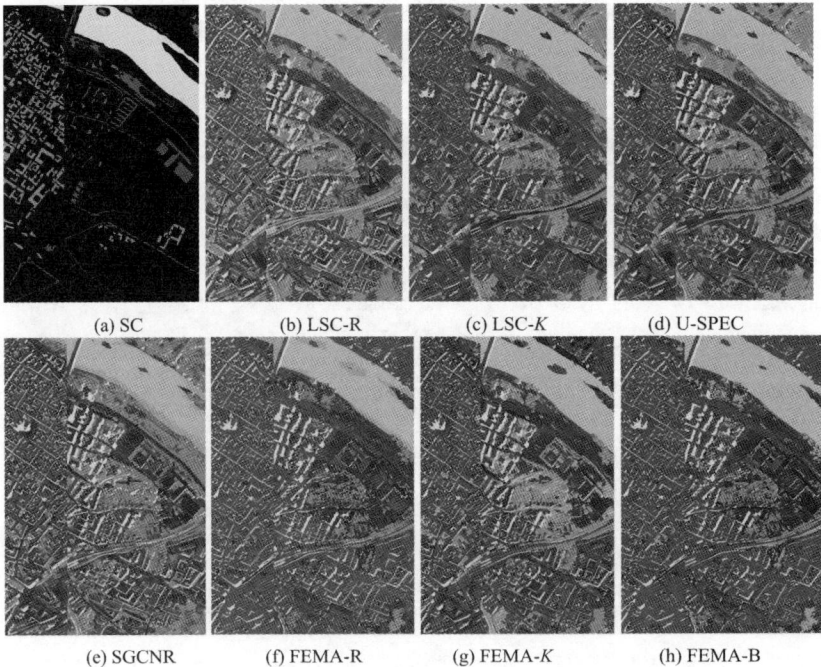

(a) SC (b) LSC-R (c) LSC-K (d) U-SPEC

(e) SGCNR (f) FEMA-R (g) FEMA-K (h) FEMA-B

彩图 5.7

图 5.7 不同算法在 Pavia Centre 数据集上的聚类图

表 5.6　不同算法在 Pavia Centre 数据集上聚类的定量评价

算法		LSC-R	LSC-K	U-SPEC	SGCNR	FEMA-R	FEMA-K	FEMA-B
UA	Water	0.9855	0.9870	0.9897	0.9004	0.9001	0.9651	**0.9956**
	Trees	**0.9980**	0.6901	0.7589	0.7211	0.5625	0.5411	0.2322
	Asphalt	0	0.0906	0.1049	0	0	0.0120	**0.4939**
	Self-Blocking Bricks	0.0019	**0.9635**	0	0.6764	0.5896	0.5836	0.5877
	Bitumen	0.5442	0.3966	0.3059	0.2622	**0.6133**	0.4856	0.4860
	Tiles	0.8153	0.8469	0.8296	0.7127	**0.8889**	0.7558	0.8857
	Shadows	0.5578	0.0130	0.6104	**0.7645**	0.1949	0.6512	0.6582
	Meadows	0.4376	0.5666	0.5249	**0.6309**	0.5060	0.4438	0.5590
	Bare Soil	0.9990	0.9986	0.9990	**0.9993**	0.9990	0.9990	0.9986
AA		0.5933	0.6170	0.5692	0.6297	0.5838	0.6041	**0.6552**
OA		0.7384	0.7484	0.7482	0.7456	0.6982	0.7167	**0.7663**
Kappa 系数		0.6484	0.6589	0.6551	0.6576	0.5974	0.6204	**0.6802**
时间/s		23.4	28.2	**12.7**	129.2	25.3	241.5	48.5

从聚类图可以直观地看出，FEMA-B 算法比其他算法区分出更多的同质区域，得到了更清晰的划分效果。

从表 5.6 可以看出，FEMA-B 算法的聚类精度最高，AA 为 0.6552，比其他对比算法高出 4%～15%；OA 为 0.7663，比其他算法高出 2.5%～9.8%；Kappa 系数为 0.6802，比其他算法高出 3.2%～13.9%。在 Water 和 Asphalt 这 2 种地物上的 UA 远高于其他对比算法。

比较三种 FEMA 算法的聚类结果可知，FEMA-B 算法的聚类性能最好，FEMA-K 算法次之，二者均优于 FEMA-R 算法，这归功于二叉树选点法的有效性。

此外，FEMA-K 算法的运行时间最长，用时 241.5 s，说明当数据量上升到一定程度时，K-means 选点法耗时较长；U-SPEC 算法的运行时间最短，仅为 12.7 s。FEMA-B 算法在保障了最高聚类精度的同时，聚类时间相对较短，只需要 48.5 s。再次证明本书提出的基于高效多层锚点图的快速谱聚类算法具有较高的聚类效果和聚类效率。

针对单层锚点图快速谱聚类算法的性能依赖锚点数量和质量的不足，本章提出了一种基于高效多层锚点图的快速谱聚类算法。主要创新之处有：① 引入"熵率超像素"的概念，用超像素主成分分析降维法对高光谱图像数据进行降维处理，剔除了图像中的冗余信息，有效减轻了算法的计算负担；② 构建多层锚点图，逐层减少样本量，更好地描述了数据点和锚点之间的关系，有利于提高聚类性能；③ 采用二叉树选点法，大大提高了生成锚点的速度，二叉树选点法的时间复杂度为 $O[nd\log(m)]$，低于 K-means 选点法的时间复杂度 $O(ndmt)$。

通过实验分析了不同锚点（层）数对聚类效果和效率的影响，结果表明：锚点数与运行时间呈线性关系；锚点数相同时，多层锚点图比单层锚点图的聚类精度更高，而聚类时间略长；多层锚点图需要构建什么数目的锚点层和锚点数，需要根据实际应用需求而定。

superPCA 降维算法中涉及 3 个参数（超像素的个数 s、超像素的维度 $\tilde{d}$ 和近邻数 k），实验分析结果表明：FEMA 算法在很宽的取值范围内对超像素维度 $\tilde{d}$ 都很不敏感；参数 s 取较小的值时 FEMA 算法在迭代中可获得更好的聚类效果；随着近邻数的增加，聚类精度降低；在 $k<10$ 的范围内，FEMA 算法的聚类结果在三个数据集的表现中均比较合理。

为验证不同锚点选取方法的优劣，将 FEMA 算法分别结合随机选取、K-means 选点和二叉树选点三种策略进行聚类实验，结果表明，基于二叉树选点的 FEMA 算法聚类精度最高，聚类时间慢于随机选点，而远快于 K-means 选点（FEMA 算法采用二叉树选点比 K-means 选点在三个数据集上分别快了 1.5 倍、3.3 倍和 4 倍），证明了二叉树选点法的优越性。

最后将 FEMA 算法和其他基于图的聚类算法进行比较，实验结果表明，FEMA 算法的聚类精度指标均为最佳，其中，在 Salinas 数据上的 OA 和 Kappa 系数分别达到了 0.8253 和 0.8052，充分证明本书提出的 FEMA 算法在聚类精度和速度上都更进了一步；而且通过采用不同的选点方式、构建不同层数和锚点数的多层锚点图，可以适应多种不同需求的应用场景。

第 6 章

总结与展望

　　高光谱聚类分析已经广泛应用于地物分类、环境监测、目标探测和伪装识别等民用和军事领域，并且越来越强调数据处理和分析的实时性、快速性和准确性，不仅要求聚类精度高，还要求聚类速度快。本书聚焦"加快聚类速度、提高聚类精度"的目标，首先从降低数据维度和融合空谱信息的角度，研究了高光谱图像的聚类预处理方法，继而深入研究快速谱聚类算法，可以在没有先验信息的情况下，实现对大规模高光谱图像的快速聚类。

6.1　主要工作和成果

本书的主要工作和成果如下：

1. 提出了两种基于特征处理的聚类预处理方法

为了降低高光谱图像的维度，剔除冗余信息，提出了基于贪婪比值和降维的聚类算法。该算法建立了面向高光谱图像的比值和降维模型，并用贪婪法进行求解，获得图像的最优光谱子空间，提升了聚类速度。将其应用于 K-means 聚类算法时，在不降低聚类精度的前提下，聚类速度提高了约 3.3 倍；相比于将其他降维算法应用于 K-means 聚类，在聚类速度为同一量级的情况下，聚类精度提高了 2%～3%。

为了有效利用高光谱图像的空谱信息，并实现自适应参数调优，提出了基于上下文分析的无核谱聚类算法。该算法通过加权融合邻域像素的空谱信息来重建像素，加强了像素间的关联性，降低了噪声和异常数据点的干扰，使分类结果更平滑；通过构建无核邻接矩阵来自适应调优参数，提升了高光谱图像的谱聚类效率。实验结果表明，KFCA 算法解决了经典谱聚类算法不能用于大规模高光谱数据的问题，相比于其他算法，聚类精度提高了 3%～11%，聚类速度加快了 16.9%～85.5%。

2. 提出了基于优质单层锚点图的快速谱聚类算法

在 KFCA 算法的基础上，为了降低谱聚类算法的时间复杂度，利用单层锚点图策略，将构建邻接矩阵的时间复杂度从 $O(n^2 d)$ 降至 $O(ndm)(m \ll n)$；通过 K-means 选点法保证所选锚点具有强代表性，提升了算法的聚类精度；在构建无核相似图时加入图像的空间信息约束，进一步加强了算法的抗噪能力。

实验结果表明，初步构建锚点图（随机选点）后，FSAQ 算法的聚类速度比 KFCA 算法快了 $51.6\%\sim78.8\%$；采用 K-means 选点后，FSAQ 算法的聚类速度比采用随机选点时有所下降，但聚类精度提升了 $15.8\%\sim36.8\%$。这充分证明了锚点图策略可以加快聚类速度，而 K-means 选点法可以保障聚类精度。相比其他对比算法，FSAQ 算法的聚类精度提高了 $17.3\%\sim23.5\%$，聚类速度加快了 $26.8\%\sim117.7\%$。

3. 提出了基于高效多层锚点图的快速谱聚类算法

在 FSAQ 算法的基础上，为了进一步提高聚类精度和效率，首先通过超像素主成分分析降维算法对图像进行降维，有效剔除冗余信息；然后构建多层锚点图，保证数据点之间关联性的同时，提高聚类精度；通过二叉树选点法来加快锚点选取速度。实验结果表明，FEMA 算法采用二叉树选点法时的聚类速度比采用 K-means 选点法快了 3.4 倍；相比其他对比算法，FEMA 算法的聚类精度提高了 $20.1\%\sim44.2\%$，充分证明了 FEMA 算法是一种高效的快速谱聚类算法，而且通过采用不同的选点方式、构建不同层数和锚点数的多层锚点图，可以适应多种不同需求的应用场景。

6.2　工 作 展 望

本书针对大规模高光谱图像数据中的聚类问题进行了较深入的研究，取得了一定的成果，但是由于实际条件和时间限制，许多问题仍有改进和拓展的空间，主要包括以下几个方面：

（1）降维方面。继续探讨如何将光谱曲线相似或一致的地物空间信息引入比值和算法当中，进一步提高比值和降维模型的降维和判别性能。

（2）快速聚类方面。在基于锚点图的快速谱聚类算法中，如何针对不同规模和特点的高光谱图像选择合适的锚点层数和锚点数，以适应不同需求的实际应用场景。

　　随着对高光谱遥感图像处理技术研究的不断深入，高光谱遥感技术，特别是大规模高光谱图像的快速聚类技术，必将在我国国民经济和国防建设中发挥越来越大的作用，体现其重要的应用价值。

参 考 文 献

[1]　张兵，高连如. 高光谱图像分类与目标探测［M］. 北京：科学出版社，2011.

[2]　刘思杰. 基于空-谱协同框架的高光谱图像聚类［D］. 徐州：中国矿业大学，2020.

[3]　MAYER R，ANTONIADES J，BAUMBACK M，et al. Robustness tests for object identification algorithms in hyperspectral imagery［J］. Proceedings of SPIE，2006，6302：63020Y.

[4]　王建宇，李春来. 高光谱遥感成像技术的发展与展望［J］. 空间科学学报，2021，41(1)：22－33.

[5]　WEI Y W，NIU C，WANG H X，et al. The hyperspectral image clustering based on spatial information and spectral clustering ［C］// 2019 IEEE 4th International Conference on Signal and Image Processing (ICSIP). Wuxi，China. IEEE，2019：127－131.

[6]　WEI Y W，NIU C，WANG Y T，et al. The fast spectral clustering based on spatial information for large scale hyperspectral image［J］. IEEE Access，2923，7：141045－141054.

[7]　张宪超. 数据聚类［M］. 北京：科学出版社，2017.

[8]　BISHOP C M. Pattern recognition and machine learning［M］. New York：Springer，2006.

[9]　XIE H，ZHAO A，HUANG S Y，et al. Unsupervised hyperspectral remote sensing image clustering based on adaptive density［J］. IEEE Geoscience and Remote Sensing Letters，2018，15(4)：632－636.

[10]　周鑫. 基于高光谱图像的小目标检测［D］. 武汉：华中科技大学，2015.

[11] LI W, DU Q. Collaborative representation for hyperspectral anomaly detection[J]. IEEE Transactions on Geoscience and Remote Sensing, 2015, 53(3): 1463 – 1474.

[12] YUAN Z Z, SUN H, JI K F, et al. Local sparsity divergence for hyperspectral anomaly detection[J]. IEEE Geoscience and Remote Sensing Letters, 2014, 11(10): 1697 – 1701.

[13] SUN W W, LIU C, LI J L, et al. Low-rank and sparse matrix decomposition-based anomaly detection for hyperspectral imagery[J]. Journal of Applied Remote Sensing, 2014, 8: 083641.

[14] 范启雄, 李永红, 杨威, 等. 高光谱遥感的发展及其对军事目标的威胁[C]// 国家安全地球物理丛书(十一): 地球物理应用前沿. 西安, 2015: 146 – 153.

[15] 王建成, 朱猛. 高光谱侦察技术的发展[J]. 航天电子对抗, 2019, 35(3): 37 – 45.

[16] 吕学义, 郑绍钰. 模糊聚类遗传算法在军事装备物流中心选址中的应用[J]. 计算机系统应用, 2017, 26(12): 170 – 174.

[17] 树春, 郑先斌. 基于假设检验的聚类分析法及其在装备经费标准制定中的应用[J]. 军事经济研究, 2011, 32(11): 25 – 28.

[18] 庞云璇. 谈高光谱遥感技术的应用、发展与展望[J]. 中国新通信, 2019, 21(11): 73 – 74.

[19] 李翔. 高光谱影像的聚类分析及应用[D]. 北京: 北京交通大学, 2015.

[20] SUN J G. Clustering algorithms research[J]. Journal of Software, 2008, 19(1): 48 – 61.

[21] 赵向梅, 王艳君, 刘林. 聚类算法及聚类融合算法研究[J]. 电子设计工程, 2011, 19(15): 4 – 5.

[22] 周涛, 陆惠玲. 数据挖掘中聚类算法研究进展[J]. 计算机工程与应用, 2012, 48(12): 100 – 111.

[23] 李艾琳. 谱空信息结合的高光谱图像聚类与分类研究[D]. 重庆: 重庆大学, 2019.

[24] MACQUEEN J. Some methods for classification and analysis of multivariate observations[J]. Berkeley Symposium on Mathematical Statistics and Probability, 1967: 281 - 297.

[25] CHEN S C, ZHANG D Q. Robust image segmentation using FCM with spatial constraints based on new kernel-induced distance measure [J]. IEEE Transactions on Systems, Man, and Cybernetics Part B, Cybernetics: a Publication of the IEEE Systems, Man, and Cybernetics Society, 2004, 34(4): 1907 - 1916.

[26] XU L L, WONG A, LI F, et al. Extraction of endmembers from hyperspectral images using a weighted fuzzy purified-means clustering model [J]. IEEE Journal of Selected Topics in Applied Earth Observations and Remote Sensing, 2016, 9(2): 695 - 707.

[27] BEN SALEM M, ETTABAA K S, BOUHLEL M S. Hyperspectral image feature selection for the fuzzy c-means spatial and spectral clustering[C]// 2016 International Image Processing, Applications and Systems (IPAS). Hammamet, Tunisia. IEEE, 2016: 1 - 5.

[28] WOO K G, LEE J H, KIM M H, et al. FINDIT: a fast and intelligent subspace clustering algorithm using dimension voting[J]. Information and Software Technology, 2004, 46(4): 255 - 271.

[29] LEE C K, LIU T L. Guided co-training for multi-view spectral clustering [C]// 2016 IEEE International Conference on Image Processing (ICIP). Phoenix, AZ, USA. IEEE, 2016: 4042 - 4046.

[30] LIU J L, WANG C, GAO J, et al. Multi-view clustering via joint nonnegative matrix factorization[C]// Proceedings of the 2013 SIAM International Conference on Data Mining. Philadelphia, PA: Society for Industrial and Applied Mathematics, 2013: 252-260.

[31] 张晓彤. 多任务聚类研究[D]. 大连: 大连理工大学, 2018.

[32] NOCK R, CANYASSE R, BORELI R, et al. K-variates++: more pluses in the k-means++[EB/OL]. [2024-03-25]. http://arxiv.org/

abs/1602.01198v2.

[33] ISMKHAN H. I-k-means-$+$：an iterative clustering algorithm based on an enhanced version of the K-means[J]. Pattern Recognition，2018，79：402 – 413.

[34] ZHANG G，ZHANG C C，ZHANG H Y. Improved K-means algorithm based on density Canopy[J]. Knowledge-Based Systems，2018，145：289 – 297.

[35] GHOSH A，MISHRA N S，GHOSH S. Fuzzy clustering algorithms for unsupervised change detection in remote sensing images[J]. Information Sciences，2011，181(4)：699 – 715.

[36] BAHMAN B，BENJAMIN M，ANDREA V，et al. Scalable K-means$++$ [J]. [EB/OL]. [2024-03-25]. http://arxiv.org/abs/1203.6402.

[37] DING Y F，ZHAO Y，SHEN X P，et al. Yinyang K-means：a drop-in replacement of the classic K-means with consistent speedup[J]. 32nd International Conference on Machine Learning，ICML 2015，2015，1：579 – 587.

[38] WANG Q，ZHANG F H，LI X L. Optimal clustering framework for hyperspectral band selection[J]. IEEE Transactions on Geoscience and Remote Sensing，2018，56(10)：5910 – 5922.

[39] VELMURUGAN T，SANTHANAM T. A survey of partition based clustering algorithms in data mining：an experimental approach[J]. Information Technology Journal，2011，10(3)：478 – 484.

[40] 曹端喜. 聚类算法的改进和聚类有效性指标的研究[D]. 南京：南京邮电大学，2021.

[41] MARTIN E，PETER K H，JRG S，et al. A density-based algorithm for discovering clusters in large spatial databases with noise[J]. AAAI Press，1996，96(34)：226 – 231.

[42] RODRIGUEZ A，LAIO A. Clustering by fast search and find of density peaks[J]. Science，2014，344(6191)：1492 – 1496.

［43］ ELHAMIFAR E, VIDAL R. Sparse subspace clustering: algorithm, theory, and applications［J］. IEEE Transactions on Pattern Analysis and Machine Intelligence, 2013, 35(11): 2765 - 2781.

［44］ WANG Y T, HUANG S Q, LIU D Z, et al. A novel band selection method based on curve area and genetic theory［J］. Journal of Optics, 2014, 43(3): 193 - 202.

［45］ 王艺婷, 黄世奇, 刘代志, 等. 一种新的基于目标检测的波段选择方法［J］. 红外与激光工程, 2013, 42(8): 2294 - 2298.

［46］ WANG Y T, HUANG S Q, WANG H X, et al. Dimensionality reduction for hyperspectral image based on manifold learning［C］// International conference on image and graphics. Cham: Springer, 2015: 164 - 172.

［47］ LI C G, YOU C, VIDAL R. Structured sparse subspace clustering: A joint affinity learning and subspace clustering framework［J］. IEEE Transactions on Image Processing: a Publication of the IEEE Signal Processing Society, 2017, 26(6): 2988 - 3001.

［48］ LIU H F, YANG G M, WU Z H, et al. Constrained concept factorization for image representation［J］. IEEE Transactions on Cybernetics, 2014, 44(7): 1214 - 1224.

［49］ BAGHERNIA A, PAVIN H, MIRNABIBABOLI M, et al. Clustering high-dimensional data stream: a survey on subspace clustering, projected clustering on bioinformatics applications［J］. Advanced Science, Engineering and Medicine, 2016, 8(9): 749 - 757.

［50］ EIJKHOUT V, FUENTES E. Multi-stage learning of linear algebra algorithms［C］// 2008 Seventh International Conference on Machine Learning and Applications. San Diego, CA, USA. IEEE, 2008: 402 - 407.

［51］ SHARIFI R, LANGARI R. Nonlinear sensor fault diagnosis using mixture of probabilistic PCA models［J］. Mechanical Systems and

Signal Processing，2017，85：638－650.

[52]　LAUER F，SCHNöRR C. Spectral clustering of linear subspaces for motion segmentation[C]// 2009 IEEE 12th International Conference on Computer Vision. Kyoto，Japan. IEEE，2009：678－685.

[53]　PATRO R N，SUBUDHI S，BISWAL P K. Spectral clustering and spatial Frobenius norm-based Jaya optimisation for BS of hyperspectral images[J]. IET Image Processing，2019，13(2)：307－315.

[54]　CHANG H，YEUNG D Y. Robust path-based spectral clustering with application to image segmentation [C]// Tenth IEEE International Conference on Computer Vision (ICCV'05) Volume 1. Beijing，China. IEEE，2005：278－285.

[55]　WHITE S，SMYTH P. A spectral clustering approach to finding communities in graph[C]// The 2005 SIAM International Conference on Data Mining (SDM)，2005：274－285.

[56]　JOSEPH K，SAMY B. Spectral clustering for speech separation[M]. Automatic Speech and Speaker Recognition：Large Margin and Kernel Methods：Wiley，2009：221－250.

[57]　徐森，卢志茂，顾国昌. 解决文本聚类集成问题的两个谱算法[J]. 自动化学报，2009，35(7)：997－1002.

[58]　MALL R，LANGONE R，SUYKENS J A K. Kernel spectral clustering for big data networks[J]. Entropy，2013，15(5)：1567－1586.

[59]　LONG B，ZHANG Z M，WU X，et al. Spectral clustering for multi-type relational data[CProceedings of the 23rd international conference on Machine learning-ICML'06. June 25－29，2006. Pittsburgh，Pennsylvania. ACM，2006：585－592.

[60]　SHI J B，MALIK J. Normalized cuts and image segmentation[J]. IEEE Transactions on Pattern Analysis and Machine Intelligence，2000，22(8)：888－905.

[61]　NG A Y, JORDAN M I, WEISS Y. On spectral clustering: analysis and an algorithm [C]. The 15th Annual Conference on Neural Information Processing Systems (NIPS), 2001: 849 – 856.

[62]　XIA T, CAO J, ZHANG Y D, et al. On defining affinity graph for spectral clustering through ranking on manifolds[J]. Neurocomputing, 2009, 72(13/14/15): 3203 – 3211.

[63]　ZELNIK-MANOR L, PERONA P. Self-tuning spectral clustering[C]. the 17th International Conference on Neural Information Processing Systems, 2004: 1601 – 1608.

[64]　FISCHER I, POLAND J. Amplifying the block matrix structure for spectral clustering[M]. In Idsia, 2005: 21 – 28.

[65]　CHANG H, YEUNG D Y. Robust path-based spectral clustering[J]. Pattern Recognition, 2008, 41(1): 191 – 203.

[66]　GONG Y C, CHEN C L. Locality spectral clustering[C]// Wobcke W, Zhang M. Australasian Joint Conference on Artificial Intelligence. Berlin, Heidelberg: Springer, 2008: 348 – 354.

[67]　WEN G Q, ZHU Y H, CAI Z G, et al. Self-tuning clustering for high-dimensional data[J]. World Wide Web, 2018, 21(6): 1563 – 1573.

[68]　WEN G Q. Robust self-tuning spectral clustering[J]. Neurocomputing, 2020, 391: 243 – 248.

[69]　谢娟英, 丁丽娟. 完全自适应的谱聚类算法[J]. 电子学报, 2019, 47(5): 1000 – 1008.

[70]　葛君伟, 杨广欣. 基于共享最近邻的密度自适应邻域谱聚类算法[J]. 计算机工程, 2021, 47(8): 116 – 123.

[71]　XIANG T, GONG S G. Spectral clustering with eigenvector selection [J]. Pattern Recognition, 2008, 41(3): 1012 – 1029.

[72]　王兴良, 王立宏, 李海军. 谱聚类中特征向量的 Bagging 选取方法[J]. 山东大学学报(工学版), 2013, 43(2): 35 – 41.

[73]　TOUSSI S A, YAZDI H S, Hajinezhad E, et al. Eigenvector selection

in spectral clustering using Tabu Search[C]// 2011 1st International eConference on Computer and Knowledge Engineering （ICCKE）. Mashhad，Iran. IEEE，2011：75－80.

[74] ALSHAMMARI M，TAKATSUKA M. Approximate spectral clustering with eigenvector selection and self-tuned K[J]. Pattern Recognition Letters，2019，122：31－37.

[75] 丁世飞，贾洪杰，史忠植. 基于自适应 Nyström 采样的大数据谱聚类算法[J]. 软件学报，2014，25(9)：2037－2049.

[76] CHEN X J，HONG W J，NIE F P，et al. Spectral clustering of large-scale data by directly solving normalized cut[C]// Proceedings of the 24th ACM SIGKDD International Conference on Knowledge Discovery & Data Mining. London United Kingdom. ACM，2018：1206－1215.

[77] 朱光辉，黄圣彬，袁春风，等. SCoS：基于 Spark 的并行谱聚类算法设计与实现[J]. 计算机学报，2018，41(4)：868－885.

[78] 崔艺馨，陈晓东. Spark 框架优化的大规模谱聚类并行算法[J]. 计算机应用，2020，40(1)：168－172.

[79] AZRAN A，GHAHRAMANI Z. Spectral methods for automatic multiscale data clustering [C]// 2006 IEEE Computer Society Conference on Computer Vision and Pattern Recognition（CVPR'06）. New York，NY，USA. IEEE，2006：190－197.

[80] LI W Y，NG W K，LIU Y，et al. Enhancing the effectiveness of clustering with spectra analysis[J]. IEEE Transactions on Knowledge and Data Engineering，2007，19(7)：887－902.

[81] JENSSEN R，ELTOFT T，GIROLAMI M，et al. Kernel maximum entropy data transformation and an enhanced spectral clustering algorithm[M]. Advances in Neural Information Processing Systems：The MIT Press，2007.

[82] ZHAO F，JIAO L C，LIU H Q，et al. Spectral clustering with eigenvector selection based on entropy ranking[J]. Neurocomputing，

2010，73(10/11/12)：1704 - 1717.

[83]　LANG K. Fixing two weaknesses of the spectral method[M]. Advances in neural information processing systems 18：The MIT Press，2005.

[84]　BACH F，JORDAN M. Blind one-microphone speech separation：a spectral learning approach[M]. Advances in neural information processing systems：The MIT Press，2004.

[85]　XU B Y，LI X H，HOU W J，et al. A similarity-based ranking method for hyperspectral band selection[J]. IEEE Transactions on Geoscience and Remote Sensing，2021，59(11)：9585 - 9599.

[86]　ZHANG F H，WANG Q，LI X L. Optimal neighboring reconstruction for hyperspectral band selection[C]// IGARSS 2018 - 2018 IEEE International Geoscience and Remote Sensing Symposium. Valencia，Spain. IEEE，2018：4709 - 4712.

[87]　SU P F，TARKOMA S，PELLIKKA P K E. Band ranking via extended coefficient of variation for hyperspectral band selection[J]. Remote Sensing，2020，12(20)：3319.

[88]　SUN H，REN J C，ZHAO H M，et al. Adaptive distance-based band hierarchy (ADBH) for effective hyperspectral band selection[J]. IEEE Transactions on Cybernetics，2022，52(1)：215 - 227.

[89]　龙咏红. 面向高光谱图像的高斯-稀疏子空间聚类算法[J]. 佛山科学技术学院学报(自然科学版)，2020，38(6)：39 - 47.

[90]　WEBB A R. Linear discriminant analysis[M]. Statistical Pattern Recognition，Second Edition：John Wiley & Sons，Ltd，2003.

[91]　JIA Y Q，NIE F P，ZHANG C S. Trace ratio problem revisited[J]. IEEE Transactions on Neural Networks，2009，20(4)：729 - 735.

[92]　ELHAMIFAR E，VIDAL R. Sparse subspace clustering[C]// 2009 IEEE Conference on Computer Vision and Pattern Recognition. Miami，FL，USA. IEEE，2009：2790 - 2797.

[93]　ZHANG H Y, ZHAI H, ZHANG L P, et al. Spectral – spatial sparse subspace clustering for hyperspectral remote sensing images[J]. IEEE Transactions on Geoscience and Remote Sensing, 2016, 54(6): 3672 – 3684.

[94]　董安国, 李佳逊, 张蓓, 等. 基于谱聚类和稀疏表示的高光谱图像分类算法[J]. 光学学报, 2017, 37(8): 363 – 370.

[95]　HUANG S G, ZHANG H Y, PIžURICA A. Semisupervised sparse subspace clustering method with a joint sparsity constraint for hyperspectral remote sensing images[J]. IEEE Journal of Selected Topics in Applied Earth Observations and Remote Sensing, 2019, 12(3): 989 – 999.

[96]　薄纯娟. 基于空谱联合模型的高光谱图像分类方法研究[D]. 大连: 大连理工大学, 2019.

[97]　MENG Y, SHANG R H, SHANG F H, et al. Semi-supervised graph regularized deep NMF with Bi-orthogonal constraints for data representation [J]. IEEE Transactions on Neural Networks and Learning Systems, 2020, 31(9): 3245 – 3258.

[98]　XU Z M, HU R M, CHEN J, et al. Semisupervised discriminant multimanifold analysis for action recognition[J]. IEEE Transactions on Neural Networks and Learning Systems, 2019, 30(10): 2951 – 2962.

[99]　ZHAI H, ZHANG H Y, ZHANG L P, et al. A new sparse subspace clustering algorithm for hyperspectral remote sensing imagery [J]. IEEE Geoscience and Remote Sensing Letters, 2017, 14(1): 43 – 47.

[100]　SHANG X D, HAN S C, SONG M P. Iterative spatial-spectral training sample augmentation for effective hyperspectral image classification[J]. IEEE Geoscience and Remote Sensing Letters, 2022, 19: 6005305.

[101]　NIE F P, WANG X Q, JORDAN M, et al. The constrained Laplacian rank algorithm for graph-based clustering[J]. Proceedings of the

AAAI Conference on Artificial Intelligence，2016，30（1）：1969 - 1976.

[102]　YU W Z，NIE F P，WANG F，et al. Fast and flexible large graph embedding based on anchors[J]. IEEE Journal of Selected Topics in Signal Processing，2018，12(6)：1465 - 1475.

[103]　KANG Z，WEN L J，CHEN W Y，et al. Low-rank kernel learning for graph-based clustering［J］. Knowledge-Based Systems，2019，163：510 - 517.

[104]　CAI D，CHEN X L. Large scale spectral clustering via landmark-based sparse representation[J]. IEEE Transactions on Cybernetics，2015，45(8)：1669-1680.

[105]　HE F，WANG R，JIA W M. Fast semi-supervised learning with anchor graph for large hyperspectral images[J]. Pattern Recognition Letters，2020，130：319 - 326.

[106]　HUANG D，WANG C D，WU J S，et al. Ultra-scalable spectral clustering and ensemble clustering［J］. IEEE Transactions on Knowledge and Data Engineering，2020，32(6)：1212 - 1226.

[107]　WANG R，NIE F P，WANG Z，et al. Scalable graph-based clustering with nonnegative relaxation for large hyperspectral image[J]. IEEE Transactions on Geoscience and Remote Sensing，2019，57（10）：7352 - 7364.

[108]　NIE F. Clustering with adaptive neighbors（can）：a structured graph optimization approach for effective clustering[C]. China Automation Congress（CAC）2015：69 - 70.

[109]　YANG X J，YU W Z，WANG R，et al. Fast spectral clustering learning with hierarchical bipartite graph for large-scale data［J］. Pattern Recognition Letters，2020，130：345 - 352.

[110]　杨乐. 基于图的半监督学习算法及其在图像处理中的应用[D]. 北京：中国科学院大学，2013.

[111] 徐雪丽，苏锦霞. 稀疏谱聚类方法及应用[J]. 兰州大学学报（自然科学版），2017，53(5)：685-690.

[112] 李素婧. 面向大规模高光谱数据的半监督地物分类方法[D]. 西安：西安电子科技大学，2015.

[113] 程志会. 基于图的高光谱图像半监督分类研究[D]. 大连：辽宁师范大学，2017.

[114] KELLER J M，GRAY M R，GIVENS J A. A fuzzy K-nearest neighbor algorithm[J]. IEEE Transactions on Systems，Man，and Cybernetics，1985，SMC-15(4)：580-585.

[115] 马君亮. 基于图的半监督分类算法研究[D]. 西安：陕西师范大学，2019.

[116] 兰远东. 基于图的半监督学习理论、算法及应用研究[D]. 广州：华南理工大学，2012.

[117] HAGEN L，KAHNG A B. New spectral methods for ratio cut partitioning and clustering[J]. IEEE Transactions on Computer-Aided Design of Integrated Circuits and Systems，1992，11(9)：1074-1085.

[118] SARKAR S，SOUNDARARAJAN P. Supervised learning of large perceptual organization：Graph spectral partitioning and learning automata[J]. IEEE Transactions on Pattern Analysis and Machine Intelligence，2000，22(5)：504-525.

[119] DING C H Q，HE X F，ZHA H Y，et al. A Min-max cut algorithm for graph partitioning and data clustering[C]// Proceedings 2001 IEEE International Conference on Data Mining. San Jose，CA，USA. IEEE，2002：107-114.

[120] ZHANG Z H，JORDAN M I. Multiway spectral clustering：a margin-based perspective[J]. Statistical Science，2008，23(3)：383-403.

[121] PATEL V M，VAN NGUYEN H，VIDAL R. Latent space sparse subspace clustering[C]// 2013 IEEE International Conference on Computer Vision. Sydney，NSW，Australia. IEEE，2013：225-232.

[122] CHEN G L, LERMAN G. Spectral curvature clustering (SCC)[J]. International Journal of Computer Vision, 2009, 81(3): 317-330.

[123] HE F, NIE F P, WANG R, et al. Fast semi-supervised learning with optimal bipartite graph[J]. IEEE Transactions on Knowledge and Data Engineering, 2021, 33(9): 3245-3257.

[124] PU H Y, CHEN Z, WANG B, et al. A novel spatial-spectral similarity measure for dimensionality reduction and classification of hyperspectral imagery[J]. IEEE Transactions on Geoscience and Remote Sensing, 2014, 52(11): 7008-7022.

[125] WANG H, YAN S C, XU D, et al. Trace ratio vs. ratio trace for dimensionality reduction[C2007 IEEE Conference on Computer Vision and Pattern Recognition. Minneapolis, MN, USA. IEEE, 2007: 1-8.

[126] LIANG K, YANG X J, XU Y X, et al. Ratio sum formula for dimensionality reduction[J]. Multimedia Tools and Applications, 2021, 80(3): 4367-4382.

[127] HUANG Y, XU D, NIE F P. Semi-supervised dimension reduction using trace ratio criterion[J]. IEEE Transactions on Neural Networks and Learning Systems, 2012, 23(3): 519-526.

[128] FAUVEL M, TARABALKA Y, BENEDIKTSSON J A, et al. Advances in spectral-spatial classification of hyperspectral images[J]. Proceedings of the IEEE, 2013, 101(3): 652-675.

[129] O'CALLAGHAN R J, BULL D R. Combined morphological-spectral unsupervised image segmentation[J]. IEEE Transactions on Image Processing: a Publication of the IEEE Signal Processing Society, 2005, 14(1): 49-62.

[130] CARIOU C, CHEHDI K. Unsupervised nearest neighbors clustering with application to hyperspectral images[J]. IEEE Journal of Selected Topics in Signal Processing, 2015, 9(6): 1105-1116.

［131］ JIANG J J, MA J Y, CHEN C, et al. SuperPCA：A superpixelwise PCA approach for unsupervised feature extraction of hyperspectral imagery[J]. IEEE Transactions on Geoscience and Remote Sensing，2018，56(8)：4581 - 4593.

［132］ LIU M Y, TUZEL O, Ramalingam S, et al. Entropy rate superpixel segmentation[C]CVPR. Colorado Springs，CO, USA. IEEE，2011：2097 - 2104.

［133］ VERDOJA F, GRANGETTO M. Fast superpixel-based hierarchical approach to image segmentation［C］// International conference on image analysis and processing. Cham：Springer，2015：364 - 374.

［134］ IYER G, CHANUSSOT J, BERTOZZI A L. A graph-based approach for data fusion and segmentation of multimodal images［J］. IEEE Transactions on Geoscience and Remote Sensing，2021，59(5)：4419 - 4429.

［135］ ITO S, FUSHIMI T. Fast clustering of hypergraphs based on bipartite-edge restoration and node reachability［C］// Proceedings of the 22nd International Conference on Information Integration and Web-based Applications & Services. Chiang Mai Thailand. ACM，2020：115 - 124.

［136］ ZHU W, NIE F P, LI X L. Fast spectral clustering with efficient large graph construction［C］// 2017 IEEE International Conference on Acoustics，Speech and Signal Processing（ICASSP）. New Orleans，LA，USA. IEEE，2017：2492 - 2496.

［137］ 刘永霞，张朝晖，张艳敏. 基于 K-均值聚类及二叉树决策的图像去噪［J］. 计算机工程与科学，2013，35(5)：118 - 123.

［138］ NEMHAUSER G L, WOLSEY L A, FISHER M L. An analysis of approximations for maximizing submodular set functions［J］. Mathematical Programming，1978，14(1)：265 - 294.